设施农业实用技术知识普及丛书

温室设施
观赏鱼安全养殖技术

WENSHI SHESHI GUANSHANGYU ANQUAN YANGZHI JISHU

■ 科技部中国农村技术开发中心 组织编写

倪寿文 主编 孟燕萍 主审

中国劳动社会保障出版社

图书在版编目(CIP)数据

温室设施观赏鱼安全养殖技术/倪寿文主编. —北京：中国劳动社会保障出版社，2012
设施农业实用技术知识普及丛书
ISBN 978-7-5045-9919-3

Ⅰ.①温… Ⅱ.①倪… Ⅲ.①观赏鱼类-温室-鱼类养殖 Ⅳ.①S965.8

中国版本图书馆CIP数据核字(2012)第216992号

中国劳动社会保障出版社出版发行
（北京市惠新东街1号 邮政编码：100029）
出版人：张梦欣

*

中国铁道出版社印刷厂印刷装订 新华书店经销
880毫米×1230毫米 32开本 6.625印张 132千字
2012年9月第1版 2012年9月第1次印刷
定价：22.00元

读者服务部电话：010-64929211/64921644/84643933
发行部电话：010-64961894
出版社网址：http：//www.class.com.cn

本书编写人员

主　编　倪寿文

副主编　白启云　丁庆忠　齐遵利

参　编　张秀文　张永升　潘　娟　王英光　李国辉

王　芳　王　锐　徐建志　史艳红

主　审　孟燕萍

内容提要

饲养观赏鱼可美化环境、陶冶情操、增添生活情趣，也可增加人们的生物知识。随着人们生活水平的不断提高，色彩斑斓、体态各异的观赏鱼深受人们喜爱，观赏鱼市场具有较大的潜力，近年来观赏鱼养殖规模、养殖水平也逐年提高。温室、大棚具有良好的采光、增温和保温性能，利用温室、大棚养殖观赏鱼，可以降低温度对观赏鱼的影响，提高观赏鱼的生长速率，延长生长时间，缩短养殖周期，提高经济效益。

本书由河北农业大学等单位的专家编写，介绍了温室和大棚的基本类型、设计和建造要求，温室、大棚养殖锦鲤和金鱼技术、营养与饲料、病害防治技术，内容科学实用，文字通俗易懂，图文并茂，适合广大观赏鱼养殖人员、各级农业科技人员、农业技术推广人员和农村基层干部阅读，也可作为农业院校学生的参考用书。

前　言

党的“十七大”明确指出，解决好农业、农村、农民问题，事关全面建设小康社会的大局，必须始终作为全党工作的重中之重。当前，我国农业正处于从数量型向数量与质量效益型并重转变的新阶段，发展有中国特色的现代农业、建设社会主义新农村成为当前农业农村工作的重要任务，而加强农村人才队伍建设，把农业发展方式转到依靠科技进步和提高劳动者素质上来是根本，培养一批能够促进农村经济发展、引领农民思想变革、带领群众建设美好家园的农业科技人员是保证，培育一批有文化、懂技术、会经营的新型农民是关键。

为更好地在农村普及科技文化知识，树立先进思想理念，倡导绿色健康生产生活方式，科技部中国农村技术开发中心组织相关领域的专家，从农业生产安全、农产品加工与运输安全、农村生活安全等热点话题入手，编写了“新农村热点话题科普常识系列丛书”，首批推出的7本图书中《农业生产安全基本知识》《农机具安全使用知识》《农药安全使用知识》《农村气象灾害与防御知识》《农村生活安全基本知识》《农产品加工与运输安全知识》入选2010—2011年和2012年《农家书屋重点出版物推荐目录》，取得了良好的社会效益。此次新推出“新农村建设村务管理工作指导丛书”“农产品加工与经营知识普及丛书”“设施农业实用技术知识普及丛书”三个系列的15种图书。丛书编写采用讲座和讨论等形式，通俗易懂、图文并茂、深入浅出地介绍了大量普及性、实用性的农村实用知识和技能。希望这些丛书能够为广大农民朋友、农业科技人员、农村经纪人和农村基层干部提供一批良好的学习材料，增加科技知识，强化科技意识和环保意识，为安全生产、健康生活起到技术指导和咨询作用。

丛书在编写过程中得到了中国农业机械化科学研究院、中国包装和食品机械总公司、中国农科院环境与可持续发展研究所、中国农业大学食品科学与营养工程学院、河北农业大学、中国海洋大学、浙江农林大学等科研院校众多专家的大力支持。参与编写的专家倾注了大量心血，付出了辛勤的劳动，将多年丰富的实践经验奉献给读者。主审专家投入了大量时间和精力，提出了许多建设性的意见和建议，特此表示衷心感谢。

由于编者水平有限，时间仓促，书中恐有不妥之处，衷心希望广大读者批评指正。

编委会
二〇一二年一月

目　录

第一讲　观赏鱼设施养殖与设施建造

话题 1　观赏鱼设施养殖概况

日光温室概述

● **什么是日光温室**　通常把温室内热量（包括夜间）主要来源于太阳辐射的温室称为日光温室。

● **日光温室的三要素**　日光温室主要由后屋面、围护墙体和前屋面三部分组成，简称日光温室的三要素。后屋面主要起保温作用；围护墙体既是承力构体，又是保温结构；前屋面是日光温室的全部采光面，温室所有自然能量的获得都要依靠前屋面。

● **日光温室的优点**　日光温室是结构比较完善的农业设施，是在单坡温室的基础上不断完善、提高，开发出来的一种适合我国气候条件和国情的温室形式。日光温室成本低廉，具有良好的采光、增温和保温性能。它以太阳能为主要能源，前屋面夜间覆盖活动保温被进行越冬养殖。正常条件下，在我国北方地区使用时，不用人工加温即可保持室内外温差达 10 ~ 25 摄氏度。利用日光温室在寒冷季节进行水产养殖生产，对于水产品的淡季供应和周年生产具有重要意义。

● **我国现有日光温室的类型** 经过多年的发展，根据不同地区的气候特点，无论是从材料还是结构上都有了很大改进，发展到现在已有玻璃日光温室、单层波浪板日光温室、双层 PC 板日光温室和单层塑料膜日光温室等较先进类型。温室结构形式多样，类型繁多，日光温室养殖观赏鱼面积也越来越大。

塑料大棚概述

● **什么是塑料大棚** 以塑料为覆盖材料的不加温的单跨拱屋面结构的温室一般称为塑料大棚。

● **塑料大棚的结构特点** 塑料大棚是一种大型拱棚，它与日光温室相比，具有结构简单、建造和拆装方便、一次性投资较少等优点。塑料大棚还具有采光性能好，光照分布均匀，保温性能好，棚型结构抗风挡雪能力强，坚固耐用，易于通风换气等优点，适于养殖锦鲤、金鱼等观赏鱼，已在我国广泛应用。

观赏鱼设施养殖的发展趋势

● 我国温室生产的历史悠久，随着改革开放和农村产业结构的调整，以塑料日光温室为主的温室生产得到了迅速发展，经历了由低级到高级，由小型、中型到大型，由简单到完善，由单栋温室到占地几公顷的连栋温室群的发展历程。

● 目前，随着温室、大棚技术的发展，温室、大棚的类型多种多样，其发展趋势是：空间越来越大，土地利用率越来越高，采光及保温性能越来越好，在温室、大棚中养殖的鱼类越来越多，产量越来越高，效益越来越好。但是，发展大棚要结合当地的经济条件和地理特点，争取以最少的投入获得最大的收益。

话题2 观赏鱼温室养殖场的建造规划

养殖场的选址

1. 养殖场选址的重要性

养殖观赏鱼要有一定的规模，这样才能降低养殖成本。采用温室、大棚进行规模化饲养观赏鱼，由于规模大、占地多，因此养殖场的选址非常重要。

2. 养殖场选址的原则

养殖场的选址主要考虑以下几个条件：

● 靠近水源，水质良好，水量充足。饲养观赏鱼，用水量大，充足的水源很重要，要求干旱季节也能满足需求。

● 选择南面开阔、避风向阳、无遮阴的平坦地段。要选择避风向阳的地方，尽量选择北面有天然或人工屏障的地方，其他三面的屏障应与温室保持一定距离，以不影响光照强度为宜。养鱼池周围不能有高大的树木和建筑物。地势不能过于低洼，以免雨季无处排水而造成洪涝灾害。

● 选择土壤肥沃、无其他污染源的地块。土质以壤土为好，壤土的保水、保肥、通气性能适宜，最适合建设鱼池。沙壤土的保水性能尚可，但凝聚力较小，用其筑堤不够牢固。黏土保水力强，可做池底土料，但干燥后形成龟裂，用其筑堤不够坚固。砺质土、粉土和沙土透水性很大，不能保水、保肥，不宜用于建池。要避开城市污染地区，避免建在有污染源的下风向，避免有害气体、烟尘等对薄膜的污染和危害。

● 交通方便，电力充足。交通方便对于观赏鱼的销售，以及引进新品种的观赏鱼都非常重要，鱼池经常用水泵排水、灌水、增氧，这些都需要充足的电力。

● 养殖场建在地势平坦、场地宽阔的地方，环境安静，有利于建场施工，减少建设投资，在生产上方便管理。对养殖场留有发展的余地，既要考虑当前的生产项目和建设规模，又要考虑到以后发展的需要，最好把短期的和长期的生产项目与建设规模全面规划，分期实施。

● 养殖场选择城市近郊、周围有坑塘或水湾的地方比较方便，便于观赏鱼的销售，也便于捞取鱼虫。

养殖场的规划

由于温室、大棚养殖观赏鱼投资大，在养殖场施工前，一定要搞好鱼场总体规划，对养殖设施、附属设施等作出合理安排，不仅涉及施工、投资金额，还要保证以后生产的顺利进行。整体规划以方便施工、节约投资成本、便于养鱼生产管理为原则，一般需要注意以下几个方面的问题：

● 小规模养殖场要考虑温室、大棚之间以及它们与外部之间的联系，以此进行布局。大规模养殖场还要考虑锅炉等附属建筑物、办公室和宿舍等非生产用房的布局。

● 场内道路应便于产品的运输和机械通行，主干道路宽至少 6 米，允许 2 辆汽车并行或对开，支路宽最好能在 3 米左右。大型连栋温室或日光温室群应划分为若干个养殖小区，每个小区成一个独立体系。公共设施，如办公室、仓库、料房、机井和水塔等应集中设置、集中管理。

● 水源、蓄水池位置安排在养殖场最高处，便于自流灌池，节约电能。温室、大棚尽可能建在养殖场中心位置或能看到全部鱼池的地方，便于生产和管理。

● 对鱼苗池、亲鱼池、产卵池及孵化池要进行系列配套和合理布局，养殖场养鱼生产所需要的鱼种以本场培育为好。亲鱼池、产卵池、孵化池等建在接近水源，注、排水特别方便之处。产卵池和孵化设施紧密相靠并临近亲鱼池一侧，便于亲鱼运输。鱼种池围绕鱼苗池，并与成鱼池毗邻，这样鱼苗下塘，鱼种出池分养、搬运比较方便。

● 鱼池东西走向，以增加光照，提高水温，利于保持良好的水质。每个鱼池有各自独立的进、排水管道，不能相互串联，避免鱼病的传播。

● 温室、大棚养殖和普通露天池塘结合养殖观赏鱼能扩大养殖规模，也能减少投资。

话题3 日光温室的设计和建造

日光温室的基本结构

日光温室均采用坐北朝南、东西延长的方向建造。日光温室的种类很多，其结构有所不同，但主要结构由以下部分组成：

● **后墙、山墙** 位于温室后部，连接两山墙的北墙称为后墙，起保温、蓄热和支撑作用。在日光温室两侧的墙体称为山墙，作用与后墙相同。

● **前屋面**　即前坡、采光屋面，由支撑拱架和透光覆盖物组成，主要起采光作用。前屋面的大小、角度、方位直接影响采光效果。为了加强夜间保温效果，在傍晚到第二天早晨用保温覆盖物（如草苫）覆盖。

● **后屋面**　也称后坡，在温室后部顶端、后墙之上，与地面成一定角度的部分，采用不透光的保温蓄热材料做成，主要起保温和蓄热作用，同时也有一定的支撑作用。

● **其他结构**　在温室中用来支撑棚架的是立柱。与立柱连在一起对整个棚面起骨架作用的称为棚架。东西设置的三根横向拉杆对整个棚架起横向支撑作用。覆盖在前屋面起采光保温作用的是塑料薄膜。在温室一端山墙外侧连接建有一个小房间作为出入温室的缓冲间，兼做工作室和储藏间。

日光温室的主要类型

日光温室的结构在各地不尽相同，分类方法也比较多。按墙体材料分，主要有干打垒土墙温室、砖石结构温室、复合结构温室等。按后屋面长度分，有长后坡温室和短后坡温室。按结构分，有竹木结构、钢木结构、钢筋混凝土结构、全钢结构、全钢筋混凝土结构、悬索结构和热镀锌钢管装配结构等。通常有以下几类：

1. 普通日光温室

● 普通日光温室包括玻璃日光温室和塑料薄膜日光温室。

● 玻璃日光温室的结构为单坡面温室，覆盖玻璃，有后墙及后屋面并设有风障，前屋面覆盖玻璃、纸被、草苫或棉被，前底脚处设防寒沟，可防寒保温。

● 塑料薄膜日光温室发展迅速，以竹木或钢材为骨架材料，有土筑和砖造的后墙，有时在墙内加置保温隔热材料，前屋面为有立柱或无立柱钢架结构，覆盖草苫或保温被或保温毯，日光温室有良好的透光性和保温性。

2. 加温温室

● 加温温室由前屋面、后屋面、覆盖物和加温设备组成。分为单屋面、双屋面、拱圆屋面以及连栋屋面等多种类型，生产上以东西延长单屋面温室应用最为广泛。

● 加温温室采暖方式主要为锅炉水暖或汽暖加温，或用工厂余热加温。白天可利用太阳光热提高温室温度，夜间可通过炉火加温补温，并有草苫或保温被等防寒保温工具。

3. 节能型日光温室

节能型日光温室因建筑用材、拱架结构、屋面形状等不同而有多种类型。但就屋面形状可分为两类：一种是拱圆形屋面，另一种是一坡一立形屋面。其中较有代表性的有以下几种结构类型：

● **半拱圆形竹木结构日光温室** 这种日光温室的跨度为 6 ~ 7 米，后墙高 1.5 ~ 1.8 米，后屋面长 1.0 ~ 1.5 米，中高 2.4 ~ 2.6 米。

俺用工厂废
水余热加温。

由于后墙面提高，后屋面缩短，不仅冬季光照充足，而且也减少了春秋后屋面遮阴，改善了室内光照。但因后屋面缩短，保温性降低，需加强保温措施。

● **长后坡矮后墙日光温室**　这种日光温室一般跨度为 5.5 ~ 6.0 米，矢高 2.6 ~ 2.8 米，后坡长 2.0 ~ 2.5 米。由柁和横梁构成；檩上铺麦秸，抹扬脚泥，上面铺秫秸捆。后墙用土筑成，矢高 0.6 米，厚 0.6 ~ 0.7 米，后墙上培土。

● **一斜一立式日光温室**　这种日光温室一般前屋面为斜面，下部为一小立窗，温室跨度为 7 米左右，脊高 3 ~ 3.2 米，前立窗高 80 ~ 90 厘米，后墙高 2.1 ~ 2.3 米，后屋面水平投影 1.2 ~ 1.3 米，前屋面采光角达到 23° 左右。一斜一立式日光温室多数为竹木结构，前屋面每 3 米设一横梁，由立柱支撑。

● **辽沈 I 型日光温室**　这种日光温室为无柱式第二代节能型日光温室，跨度为 7.5 米，脊高 3.5 米，后屋面仰角 30.5° ，后墙高 2.5 米。后坡水平投影长度 1.5 米，墙体内外侧均为 37 厘米厚的砖墙，中间夹 9 ~ 12 厘米厚的聚苯板，后屋面也采用聚苯板等复合材料保温，拱架采用镀锌钢管，配套有卷帘机、卷膜器、地下热交换等设备。

● **无柱钢竹结构日光温室**　这种日光温室跨度为 7.5 米，脊高 3.5 米，后坡水平投影长度为 1.5 米。后墙和山墙为 37 厘米厚砖墙，内填 12 厘米厚珍珠岩；后坡由 2 厘米厚木板、一层油毡、10 厘米厚聚苯板、细炉渣、3 厘米厚水泥及防水层构成；骨架为钢管和钢筋焊接成的桁架结构。

● **改进冀优Ⅱ型节能日光温室** 这种日光温室的跨度为 8 米，脊高 3.65 米，后坡水平投影长度 1.5 米。后墙为 37 厘米厚砖墙，内填 12 厘米厚珍珠岩；骨架为钢筋桁架结构。

日光温室的设计

日光温室建筑设计中包括场地的选择、场地的布局以及温室各部位的尺寸、选材等。日光温室各部位的尺寸即是日光温室建筑设计参数，主要包括温室方位、温室跨度、高度、前后屋面角度、墙体和后屋面厚度、后屋面水平投影、防寒沟尺寸和温室长度等。

1. 温室方位

● 设计日光温室的方位要尽量减少后墙遮阴。一般应坐北朝南，但对高纬度（41° 以北）和晨雾大、气温低的地区，冬季日光温室不能日出即揭帘受光，方位可适当偏西。偏离角应根据当地纬度和揭帘时间确定，一般不宜大于 10° 。

● 温室方位的确定还应考虑当地冬季主导风向，避免强风吹袭前屋面。南偏东方位角只宜在北纬 39° 以南地区采用，北纬 40° 地区可采用正南方位角，北纬 41° 以北地区应采用南偏西方位角。

2. 温室间距

● 前后排温室间的距离，应以在冬至太阳高度角最小时，前栋温室不遮蔽后栋温室的太阳光为标准，纬度越高的地区，冬至时太阳高度角越小，前后排温室的距离越要加大。

● 确定前后温室间距离的大小，主要考虑温室的高度（即温室脊高外加卷起草苫后的高度）和当地的纬度（决定太阳高度角）。温室间距离一般是温室高度的 2 倍再增加 1 米。如温室脊高为 2.8 米，草苫卷起后的高度为 0.5 米，则两栋间的距离应为 7.6 米。

3. 温室总体尺寸

为了便于操作，温室长度不宜大于 100 米，温室面积以小于 667 平方米为宜。

4. 温室跨度

● 温室跨度是指后墙内侧至前屋面骨架基础内侧的距离。

● 适宜的跨度可保证南屋面有较大的采光面积，宜选用 6 ~ 8 米的跨度。

5. 温室高度

● 温室的高度是指屋脊的高度，是基准地面至屋脊骨架上侧的距离。

● 高度与跨度有一定关系，在确定跨度后增加高度，可增大采光角度，提高采光效果，增加蓄热量，但会增大建筑成本，加大保温难度。

● 6 米跨度的温室高度以 2.7 ~ 2.8 米为宜，7 米跨度的温室高度以 3.1 米为宜。

6. 温室长度

● 温室长度是指两山墙内侧的距离。

● 温室长度过短，两侧山墙遮阴面大，单位面积造价提高，效益差；温室长度过长，局部温差大，产品及生产资料运输不便。

● 温室长度以 80 ~ 95 米为宜，建筑面积以 667 平方米左右为宜。

7. 温室角度

● 温室角度又称前屋面角度，是指前屋面与地平面的夹角。

● 温室角度越大，前屋面与阳光的交角（投射角）越大，透过的光线也越多。

● 拱圆形温室在北纬 40° ~ 42° 地区，拱底脚应达到 50° ~ 60°，拱的中段要达到 20° ~ 30°，上段 10°，以利于冬季充分采光。

8. 后墙高度及后坡仰角

● 后坡仰角是指后墙内侧斜面与水平面夹角。

● 后墙矮，后坡仰角大，保温比大，冬至前后阳光可照到后坡内表面，利于保温，但室内外作业不便；后墙高，后坡仰角小，保温比小，保温性降低。

● 后墙高以 1.6 ~ 2.2 米为宜，后坡仰角以 30° ~ 45° 为宜。

9. 前屋面角度

● 温室采光总量的多少与采光屋面形状无关，而是由透光屋面最高点到其前棚着地点处的直线与水平地面夹角 α_0 来决定。

● 由于不同地区接收的太阳辐射能不同，在北纬 30° ~ 43° 地区前屋面角度 α_0 优化值比见表 1。

表 1　前屋面角度 α_0 优化值比

纬度角 ϕ	30°	34°	35°	36°	37°	38°	39°	40°	41°	42°	43°
前屋面角 α_0	23.5°	24°	25°	26°	27°	28°	29°	29.5°	30°	31°	32°

10. 门的位置和大小

● 在温室的一端或两端设置大门，供作业者出入使用。

● 门的大小以进出方便为宜。

11. 骨架间距

为适应目前草苫的规格和便于压膜线固膜，温室骨架间距一般在 0.6 ~ 1.2 米，推荐在 0.75 ~ 1.0 米。

日光温室的建造

1. 日光温室墙体的建造

● 后墙和山墙按建筑材料可分为泥垛、砖石两种。

● 无论是用泥还是用砖，基础最好用砖或石头砌 0.5 米高。墙体若用砖砌，内层砖墙厚 24 厘米，中间保温夹层厚 12 厘米，外层砖墙厚 12 厘米，保温夹层可填充珍珠岩、炉灰渣等。后墙可培土，以增强保温效果。

2. 日光温室后屋面的建造

● 后屋面起隔热保温作用，其上摆放草苫，操作人员在后屋面上拉放草苫。后屋面主要由骨架、檩、椽子以及保温层、防水层等组成，也有些温室的后屋面由钢筋水泥预制件组成。为使受力合理，靠近后墙部可适当薄些，靠近温室中部可适当厚些。

● 后坡坡长以 1.7 米左右为宜。温室骨架可采用钢管骨架、氧化镁骨架以及竹木结构骨架。对于竹木结构骨架，拱架采用直径 3 ~ 4 厘米的竹架或 4 ~ 5 厘米宽的厚竹片制成。

3. 日光温室前屋面骨架的安装

● 前屋面由立柱、横梁、竹木或竹竿（拱杆）构成。一般每 3 米设一立柱，立柱深入土中 50 厘米，向北倾斜 85°，下端设砖石柱基，为防止埋入土中部分腐烂，最好用沥青涂抹。在立柱上安柁，柁头伸出中柱前 20 厘米，柁尾担在后墙顶的中部。柁面找平后上脊檩、中檩和后檩。

● 前屋面为拱圆形，设两道横梁，前面的一道横梁设在距前底脚 1 米处，后一道横梁设在前柱和中柱之间，横梁下每 3 米设一支柱，与中柱在一条线上。横梁上按 75 ~ 80 厘米间距设置小吊柱，用竹片做拱杆，上端固定在脊檩上，下端固定在前底脚横杆上，中部由两排 20 厘米长的小吊柱支撑。

4. 前屋面覆盖塑料薄膜

● 要选无风的晴天覆盖薄膜，薄膜的长度应超过东西山墙 1 米以上，宽度超过前屋面 0.5 ~ 1.0 米。

● 覆盖薄膜前先卷成卷，在屋顶上把其上边固定，再拉到下边，卷入高粱秸，埋入底脚下预先挖的沟中，埋土踩紧，再向东西拉紧，卷入高粱秸或木条，固定在山墙外侧。

● 覆盖薄膜后，在各拱杆间拉上压膜线，压膜线有特制的塑料压膜线，也可以用8号镀锌铁线代替，上端固定在后坡上事先准备好的固定压膜线上端的木杆或铁丝上，下端固定在前底脚预埋的地锚上。压膜线必须压紧才能保证在大风天薄膜不受损坏。

5. 日光温室出入口及工作间的建造

● 在东西山墙外，靠近道路的一侧建工作间，工作间宽2.5～3.0米，跨度4米，高度以不遮蔽温室阳光为原则。

● 日光温室出入口一般在温室一侧的工作间。

话题4 现代温室的设计和建造

现代温室概述

● 现代温室主要指大型的、环境基本不受自然气候影响的、可自动调控的温室，是目前温室的最高级类型。

● 现代温室是在双屋面温室的基础上设计建造的。温室一般顶高4.8～5.8米，肩高2.5～3.0米，间跨6～9米，多为铝合金或镀锌钢材结构，以玻璃、塑料薄膜等为采光材料，设有天窗、腰窗和地窗，增加了加温、保温、补光、通风、喷淋、喷雾和电控操作等附加的先进设备。

现代温室的类型

● **按立面造型分类**　分为单坡面温室和双坡面温室。这里所说的单坡面或双坡面均指一跨度内采光屋面的数量。以屋脊为分界线，只有一侧屋面为采光面，而另一侧屋面为保温面的温室称为单坡面温室；屋脊两侧均为采光屋面的温室称为双坡面温室。

● **按屋面形状分类**　温室的屋面形状多种多样，有圆拱形屋面温室、坡屋面温室、折线形屋面温室、锯齿形屋面温室、哥特式尖顶屋面温室和平屋面温室等。

● **按平面布局分类**　分为单栋温室和连栋温室。单栋温室就是以一个标准单元作为一个独立的子项进行建设，而连栋温室则是将多个单栋温室通过天沟连接起来进行建设的。

● **按温室主体结构材料分类**　温室主体结构材料多种多样，大体上可分为两大类，即金属结构温室和非金属结构温室。例如，钢结构温室和铝合金结构温室等均属于金属结构温室；木结构温室、竹结构温室、混凝土结构温室和玻璃钢结构温室等均属于非金属结构温室。

● **按覆盖材料分类**　分为两大类，一类为薄膜型温室，另一类

按材质分的话可分为金属结构温室和非金属结构温室。

为硬质覆盖材料温室。薄膜型温室中，包括各种单层、双层覆盖的塑料温室，如单栋或连栋塑料温室和日光温室等。硬质覆盖材料温室包括玻璃温室、PC 板（单层板、多层中空板、波浪形板等）温室和玻璃钢温室等。

● **按加温方式分类** 分为连续加温温室、间断加温温室和不加温温室三类。连续加温温室是指冬季室内温度始终保持在 10 摄氏度以上的温室；配备采暖设施，但不满足连续加温温室条件的温室为间断加温温室；不配备采暖设施的温室为不加温温室。

现代温室的规格

1. 温室的单体尺寸参数

温室的单体尺寸参数主要包括跨度、开间、檐高和脊高等。

● **跨度** 指温室的最终承力构架的支撑点之间的距离。通常温室跨度尺寸为 6.0 米、6.4 米、7.0 米、8.0 米、9.0 米、9.6 米、10.8 米和 12.8 米。

● **开间** 指温室最终承力构架之间的距离。通常温室开间规格尺寸为 3.0 米、4.0 米和 5.0 米。

● **檐高** 指温室柱底到温室屋架与柱轴线交点之间的距离。通常温室檐高规格尺寸为 3.0 米、3.5 米、4.0 米和

4.5 米。

● **脊高** 指温室柱底到温室屋架最高点之间的距离。通常为檐高和屋盖高度的总和。

2. 温室的总体尺寸参数

（1）温室的总体尺寸 温室的总体尺寸主要包括温室的长度、宽度和总高等。

● **长度** 指温室在整体尺寸较大方向的总长。

● **宽度** 指温室在整体尺寸较小方向的总长。

● **总高** 指温室柱底到温室最高处之间的距离，最高处可以是温室屋面的最高处或温室屋面外的其他构件（如外遮阳系统等）的最高处。

（2）温室的规模与尺寸 温室的总体尺寸决定了温室的平面与空间规模，一般来讲，温室规模越大，其室内气候稳定性越好，单位造价也相应降低，但总投资增大，管理难度增加。因此，对于温室的适宜规模难以做出定论，只能根据养殖要求、场地条件、投资等因素综合确定，但从满足温室通风的角度考虑，自然通风温室通风方向尺寸不宜大于 40 米，单体建筑面积宜在 1 000 ~ 3 000 平方米；机械通风温室进排气口的距离宜小于 60 米，单体建筑面积宜在 3 000 ~ 5 000 平方米。

现代连栋温室的结构

1. 温室基础

现代温室常用的基础有独立基础、条形基础和混合基础三种。一般独立基础可用于内柱或边柱，条形基础主要用于侧墙和内隔墙，侧墙也可以采用独立基础与条形基础混合使用的方式。

2. 温室钢结构构件

温室的承重结构是由檩条、屋架、柱子、桁架、基础等部分组成。温室屋架承受风荷载、雪荷载、地震荷载以及屋面材料的自重等。

● **柱子** 连栋温室常把柱子设在温室中央或屋架下部。一般使用圆形钢管、方形钢管或工字钢等材料制作柱子。

● **椽子** 承担屋面上的荷载，是架设在脊檩、檩条、檐檩上的构件，椽子可以用方钢、C 形钢、几字形钢等制作。

● **檩条** 支撑在温室的屋架上，设在脊檩和檐檩之间，是支撑椽子的水平杆件，可以用方钢、槽钢、几字形钢和 Z 形钢等制作。

● **脊檩** 水平安装在屋脊上，其作用与普通的檩条相同，俗称栋木，一栋温室只有一条。

● **檐檩（横梁）** 设在墙体上端，是连接柱子上端的水平杆件。

● **梁（下弦）** 梁是和柱子垂直相对，平放或接近平放的杆件，屋架下面的梁也称为下弦杆。

● **屋架（上弦）** 支撑屋面形成一定坡度的构件就是屋架，屋架两端与立柱相连。屋架承受来自屋面、檩条上的荷载，温室除了圆拱形屋顶、单坡屋顶之外，多用三角形屋顶。

● **剪刀撑** 安装在柱子或者屋架之间，用在对角线上的斜材称为剪刀撑。

● **天沟** 是温室屋顶的排水构件，天沟承接来自屋面的雨水和雪水，两端支撑在温室柱子上。

3. 温室结构用材

● 温室主要由钢材骨架、钢筋混凝土基础、透明覆盖材料、保温幕、遮光幕以及环境控制装置等构成。

● 骨架钢材主要有三种，即普通钢材、镀锌钢材和铝合金轻型钢材。透明覆盖材料主要有普通玻璃、钢化玻璃、聚碳酸酯板（PC 板）、玻璃纤维加强板（FRA 板）、丙烯酸树脂和塑料薄膜等；保温幕多采用无纺布；遮光幕可采用无纺布或聚酯纤维等材料。

温室设计过程中要注意的问题

● **结构的强度要求** 温室的基础、柱子、屋架、桁架、天沟、接点以及配套铝合金型材等需要足够的设计强度。

● **结构的刚度要求** 温室结构要有足够的刚度，构件受力后产生的最大变形应该在规定的范围之内。

● **结构的稳定性要求** 温室钢结构构件要求有足够的稳定性，保证结构在局部破坏和偶然外力作用发生时和发生后，不对整体结构造成不良影响。使用过程中构件虽然有变形，但仍然保持本来的几何形状，不会因突然偏斜而丧失其承载能力。

● **结构的耐久性要求** 温室设计和施工过程中通过合理的选材、结构选型、节点设计、防腐处理和正确的施工安装等，保证温室结构在正常使用条件下达到结构的设计使用寿命。

温室外观如图 1 所示，温室内观如图 2 所示。

a)

b)

图 1 温室外观

a)

b)

c)

d)

图 2　温室内观

话题 5　塑料大棚的设计和建造

塑料大棚的主要类型

● 按棚顶形状塑料大棚可以分为拱圆形和屋脊形，我国绝大多数为拱圆形，少数为屋脊形。

● 按骨架材料可分为竹木结构、钢架混凝土柱结构、钢架结构和钢竹混合结构等。

● 按连接方式又可分为单栋大棚、双连栋大棚和多连栋大棚。单栋大棚如图 3 所示，连栋大棚如图 4 所示。

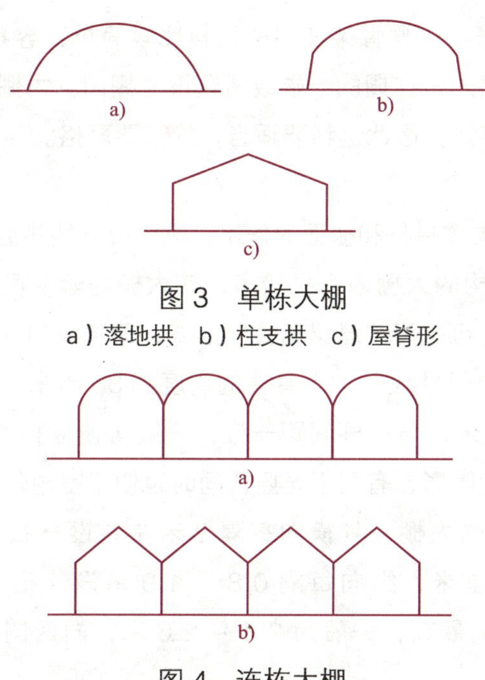

图 3　单栋大棚
a）落地拱　b）柱支拱　c）屋脊形

图 4　连栋大棚
a）拱圆形　b）屋脊形

塑料大棚的结构

塑料大棚的主要结构包括骨架和棚膜两大部分，骨架由立柱、拱杆（拱架）、拉杆（纵梁）和压杆（压膜线）等部件组成，俗称“三杆一柱”。这是塑料薄膜大棚最基本的骨架构成，其他形式都是在此基础上演化而来。大棚骨架使用的材料比较简单，容易造型和建造，另外，为便于出入，在棚的一端或两端设立棚门。大棚骨架是由各部分构成的一个整体，因此选料要适当，施工要严格。

1. 立柱

● 立柱起支撑拱杆和棚面的作用，纵横成直线排列。

● 竹木结构的大棚内立柱较多，使大棚内遮阴面积增大，作业也不方便，因此可采用“悬梁吊柱”形式，即将纵向立柱减少，用固定在拉杆上的小悬柱代替。小悬柱的高度约 30 厘米，在拉杆上的间距为 0.8 ~ 1.0 米，与拱杆间距一致，一般可使立柱减少 2/3，大大减少立柱形成的阴影，有利于光照，同时也便于室内作业。

● 原始型的大棚，其横向每隔 2 米左右设一根立柱，立柱的直径为 5 ~ 8 厘米，纵向每隔 0.8 ~ 1.0 米设一根立柱，与拱杆间距一致，中间最高，一般为 2.4 ~ 2.6 米，向两侧逐渐变矮，形成自然拱形。

● 立柱埋置的深度要在 40 ~ 50 厘米。立柱可采用竹竿、木柱或钢筋混凝土柱等，使用的立柱不必太粗，但立柱的基部应设柱脚石，以防大棚下沉或被拔起。

2. 拱杆（拱架）

● 拱杆是支撑棚膜的部分，由竹片、竹竿或钢材、钢管等材料焊接而成。

● 拱杆的间距为 1.0 ~ 1.2 米，横向固定在立柱上，两端插入地下，呈自然拱形。

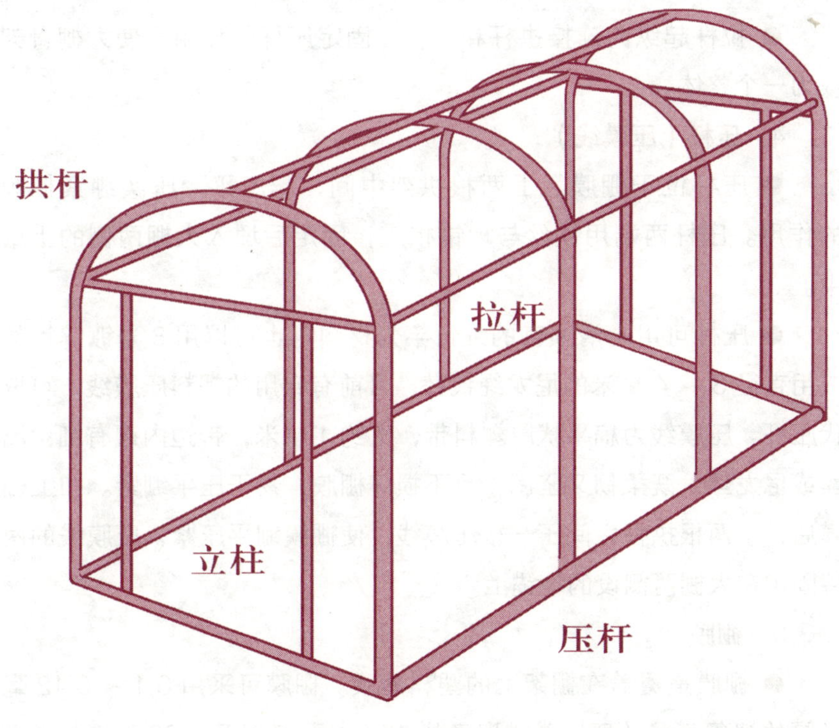

三杆一柱

3. 拉杆（纵梁）

● 用较粗的竹竿、木杆或钢材作为拉杆，距立柱顶端 30 ~ 40 厘米，紧密固定在立柱上，拉杆长度与棚体长度一致。

● 拉杆起纵向连接拱杆和立柱、固定压杆的作用，使大棚骨架成为一个整体。

4. 压杆（压膜线）

● 压杆位于棚膜之上两根拱架中间，起压平、压实绷紧棚膜的作用。压杆两端用铁丝与地锚相连，固定后埋入大棚两侧的土壤中。

● 压杆可用光滑顺直的细竹竿为材料，也可以用 8 号镀锌铁丝或用直径 3 ~ 4 毫米的尼龙绳代替，目前有专用的塑料压膜线，可取代压杆。压膜线为扁平状厚塑料带，宽约 1 厘米，带边内镶有细金属丝或尼龙丝，既柔韧又坚固，且不损坏棚膜，易于压平绷紧。扣上棚膜后，于两根拱杆之间压一根压膜线，使棚膜绷平压紧，压膜线的两端固定在大棚两侧设的地锚上。

5. 棚膜

● 棚膜是覆盖在棚架上的塑料薄膜。棚膜可采用 0.1 ~ 0.12 毫米厚的聚氯乙烯（PVC）或聚乙烯（PE）薄膜以及 0.08 ~ 0.1 毫米的醋酸乙烯（EVA）薄膜，这些专用于覆盖塑料薄膜大棚的棚膜，其耐候性及其他性能与非棚膜有一定差别。

● 除了普通聚氯乙烯和聚乙烯薄膜外，目前生产上多使用无滴膜、长寿膜、耐低温防老化膜等多功能膜作为覆盖材料。

6. 门窗

● 大棚的一端或两端设大门一扇，供作业者出入使用。门的大小要考虑作业方便与否，太小不利于进出，太大不利于保温。

● 塑料薄膜大棚顶部可设出气天窗，两侧设进气侧窗，即通风口。

7. 天沟

连栋大棚应在两栋大棚连接处设立天沟，用于排除雨雪水。天沟多用水泥或薄铁皮制成落水槽。

单栋大棚的结构类型

单栋大棚一般棚长 30 ~ 60 米，宽 8 ~ 15 米，高 2 ~ 3 米，占地面积 667 平方米左右。以竹木、混凝土构件、钢材及薄壁钢管等材料组装或焊接而成。各地建造形式多种多样，有拱圆形或屋脊形两种，以拱圆形为多。根据骨架材料的不同，单栋大棚主要有以下几种：

1. 竹木结构大棚

● 拱杆用竹竿或毛片，屋面纵向系梁和室内柱用竹竿或圆木，通常设有 4 ~ 6 排立柱，横向柱间距 2 ~ 3 米，柱顶用竹竿连成拱架，纵向间距为 1 ~ 1.2 米。

● 一般大棚跨度为 8 ~ 12 米，长度为 40 ~ 60 米，中脊高为 2.4 ~ 2.6 米，两侧肩高为 1.1 ~ 1.3 米。

● 优点是取材方便，造价较低且容易建造。缺点是棚内立柱多，遮光严重，作业不方便，不便于大棚内挂天幕保温，立柱基部易朽，抗风雪能力较差等。

● 为减少棚内立柱，可建造悬梁吊柱式竹木结构大棚，即在拉杆上设置小吊柱，用小吊柱代替部分立柱。小吊柱用 20 厘米长、4 厘米粗的木杆，两端钻孔，穿过细铁丝，下端拧在拉杆上，上端支撑拱杆。

2. 混合结构大棚

● 棚型与竹木结构大棚相同，使用的材料有竹木、钢材、水泥构件等多种。一般拱杆和拉杆多采用竹木材料，而立柱采用水泥柱。

● 混合结构的大棚比竹木结构大棚坚固、耐久、抗风雪能力强，在生产上应用的也较为广泛。

3. 钢架结构大棚

● 这种大棚一般跨度为 10 ~ 15 米，长度为 30 ~ 60 米，高度为 2.5 ~ 3.0 米。

● 拱架是用钢筋、钢管或两者结合焊接而成的弦形平面桁架。平面桁架上弦用直径 16 毫米钢筋或直径 25 毫米的钢管制成，下弦用直径 12 毫米钢筋，腹杆用直径 8 ~ 10 毫米钢筋，两弦间距 25 厘米。

● 中间无立柱或只有少量立柱，空间大，透光好，便于人工作业，其特点是坚固耐用，但一次性投资较大。

4. 装配式钢管结构大棚

● 它是由工厂按照标准规格生产的组装式大棚，材料多采用薄壁镀锌钢管。一般大棚跨度为 6 ~ 10 米，长度为 20 ~ 60 米，高度

拱杆和拉杆多采用竹木材料，而立柱采用水泥柱。

为 2.5 ~ 3.0 米。

● 拱架和拉杆都采用薄壁镀锌钢管连接而成，拱架间距 50 ~ 60 厘米，所有部件用承插、螺钉、卡槽或弹簧卡具连接。

● 用镀锌卡槽和钢丝弹簧压固棚膜，用手摇式卷膜器卷膜通风。这种大棚的优点和钢架结构大棚相同。

塑料大棚的设计

1. 场地选择与规划

建造大棚的场地，要求选择避风向阳、地势平坦、进排水方便、有电力条件、四周无高大建筑的地段，同时由于大棚抗风能力较差，必须避开风口，并且还要考虑方便运输。

2. 大棚的规格与方向

● 一般情况下，大棚覆盖空间大，保温能力强，温度比较稳定，受低温影响小。但覆盖面积过大，会造成通风不良，热量和湿空气排不出去。

● 一般大棚面积以 667 平方米左右较为适宜，宽度为 8 ~ 16 米，长度为 40 ~ 60 米，大棚高度（最高处高度）以 2.2 ~ 2.8 米较为适宜，大棚高度与跨度比以 2：10 较为适宜。

● 方向一般南北方向为宽，东西方向为长。

竹、木结构塑料大棚的建造

1. 埋立柱

● 立柱多选用直径 5 ~ 6 厘米的木杆或竹竿作为柱材。一般每排由 4 ~ 6 根立柱组成，分为中柱、腰柱和边柱，各种立柱的高度由棚架的高度决定，实际高度应比大棚各部位的高度高出 30 ~ 40 厘米。

● 埋柱前先把柱上端锯成 U 形豁口，以便固定拱杆，豁口的深度以能卡住拱杆为宜。在豁口下方 5 厘米处钻眼穿铁丝绑住拱杆。立柱下端成十字形钉两个横木，以固定立柱防风拔起，埋入土中的部分涂上沥青，以防腐烂。立柱应在土壤封冻前埋好。

● 施工时，先按设计要求在地面上确定埋柱位置，然后挖 35 ~ 40 厘米深的坑，坑底铺设基石。要先埋中柱，再埋腰柱和边柱。腰柱和边柱要依次降低 20 厘米，以保持棚面成拱形。边柱距棚边 1 米远，并向外倾斜 70°，以增强大棚的支撑力。

● 为减少立柱的数量，在两排立柱间利用小支柱连接拉杆和拱杆。小立柱一般用直径 5 ~ 7 厘米、长 20 厘米的短木柱，其上下两端以互相垂直的方向开一个 U 形豁口，在豁口下方 3 ~ 5 厘米处，各钻一个与上端豁口垂直方向的穿孔，下端固定在拉杆上，上端固定拱杆。

2. 绑拉杆

纵拉杆一般采用直径 5 ~ 6 厘米的竹竿、木杆或钢材，绑在距立柱顶端 20 ~ 30 厘米处，拉杆长度与棚体长度一致。

3. 上拱杆

● 多用直径 5 ~ 8 厘米的竹竿弯成拱形或接成拱形。放入立柱或小立柱顶端的豁口里，用铁丝穿过豁口下的孔眼固定好，拱杆两端埋入土中 30 ~ 40 厘米。

● 在覆盖薄膜前，所有用铁丝绑接的地方都要用草绳或薄膜缠好，以免磨损薄膜。

4. 安门

棚的两头应各安一扇门，一般高 1.8 ~ 2.0 米，宽 0.6 ~ 0.9 米。

5. 扣膜

● 薄膜幅宽不足时，可用熨斗加热粘接。为了以后放风方便也可将棚膜分成三四大块，相互搭接在一起(重叠处宽要不小于 20 厘米，每块棚膜边缘烙成筒状，内可穿绳)，以后从接缝处扒开缝隙放风。

● 接缝位置通常是在棚顶部及两侧距地面约 1 米处。若大棚宽度小于 10 米，顶部可不留通风口；若大棚宽度大于 10 米，难以靠侧风口对流通风，就需在棚顶设通风口。

● 扣膜时选 4 级风以下的晴暖天气一次扣完。薄膜要拉紧、拉正，不出皱褶。棚四周塑料薄膜埋入土壤中约 30 厘米并踩实。

6. 上压膜线

● 扣膜后，用专用压膜线或 8 号镀锌铁丝于两排拱架间压紧棚膜，两端固定在地锚上。地锚用砖、石块做成，上面绑一根 8 号镀锌铁丝，埋在距离大棚两侧 0.5 厘米处，埋深 40 厘米。

● 竹木结构大棚每667平方米用料数：各种杂木杆720～750根，竹竿750根，8号镀锌铁丝40千克。

水泥柱钢筋梁竹拱塑料大棚的建造

● 这种大棚的立柱全部用内含钢筋的水泥预制柱，但拱杆仍是竹竿，骨架比纯竹木大棚坚固、耐久、抗风雪能力强，一般可用5年以上。一般棚长40米以上，宽12～16米，棚高2.2米左右。

● 水泥预制立柱的柱体断面为10厘米×8厘米，顶端制成凹形，以便承担拱杆。立柱对称或不对称排列，两排柱间距离3米，中柱总长2.6米，腰柱2.2米，边柱1.7米，分别埋入土中40厘米。

● 钢筋焊成的单片花梁，上弦用直径8毫米钢筋，下弦及中间的拉花用直径6毫米圆钢，中间拉花焊成直角三角形。花梁上部每隔1米焊接1个钢筋弯成的马鞍形的拱杆支架，高15厘米。

● 建此大棚需用水泥1.5吨，钢筋0.75吨，其他同竹木大棚。

钢架无柱塑料大棚的建造

1. 拱杆拱架

● 拱杆是用钢筋焊成的弦形平面桁架。桁架由上弦杆、下弦杆及联结上下弦的腹杆（拉花）焊成。上弦杆用直径 14 ～ 16 毫米的钢筋，下弦杆用直径 12 ～ 14 毫米的钢筋，中间用直径 8 ～ 10 毫米钢筋作腹杆连接。上下弦之间的距离在最高点的脊部为 25 ～ 30 厘米，两个拱脚处逐渐缩小为 15 厘米左右，上、下弦中间焊成直角形的拉杆。

● 这种平面拱架，垂直立面为稳定的坚固结构，但跨度大时容易发生扭曲变形。因此，为提高大棚牢固性，一般在大棚的棚端和大棚的中间，每隔 5 ～ 6 米配置一个三角形拱架。三角形拱架是由一根上弦杆、两根下弦杆焊成，三面为 3 个平面桁架，结构坚固。

2. 拉杆（纵梁）

拉杆是平面杆架，用上弦为直径 8 毫米、下弦为直径 6 毫米的钢筋焊成，上、下弦杆距离为 20 厘米。纵梁焊在每个拱架上，使棚架连成一体。

3. 地基

● 地基为固定拱架用。可用水泥制成高 30 厘米、上端 15 厘米 ×15 厘米、下端 25 厘米 ×25 厘米的水泥预制件，上面留出钢筋，以便与棚架焊接。

● 钢架无柱大棚坚固耐久，抗风雪能力强，一般可用 10 年以上，使用钢材量大，每 667 平方米用各种钢材 3 ～ 4 吨。

地基上面留出钢筋，以便与棚架焊接。

钢管装配式塑料大棚的建造

● 安装时先在现场按图放线，沿棚边内侧挖 0.5 米深沟。先安装南北棚头，立第一道拱杆和埋立柱。拱杆与立柱顶部用圆形卡联结，使两者在一条直线上。接着上卡膜槽，安好门，在拱杆上标出纵梁位置。

● 每 6 米立起一条拱架，安好全部纵梁，再按 0.5 米一根的距离安好全间拱杆，拱杆安好后，要使全棚高低一致，弧度一致。棚体安装完毕，再装棚体纵向卡膜槽及横向卡膜槽。

● 最后安装天窗并扣膜，也可安装侧面卷膜机及内部二层防寒幕。

塑料大棚外观如图 5 所示，塑料大棚内观如图 6 所示。

a)

b)

c)

d)

图 5　塑料大棚外观

a)

b)

c)

d)

图 6　塑料大棚内观

话题 6 养殖池的建造

水泥池的建造

1. 水泥池的结构尺寸

● 水泥池一般应建在避风向阳，空气清新，水、电、路保证三通的地方。

● 鱼池大小根据需要而定，如作为养殖商品鱼或培养亲鱼用，可适当稍大些。如作为产卵、孵化或鱼苗培育池可适当小些。

● 鱼池形状可采用长方形、方形、圆形或采用适于装饰需要的其他形状，一般以长方形和方形池居多。金鱼池面积一般为 4 ~ 30 平方米，池深一般为 40 ~ 70 厘米。锦鲤池面积一般为 20 ~ 300 平方米，池深一般为 120 ~ 180 厘米。

● 池底从进水口一端向出水口倾斜，在最低处设一坑，便于收鱼，坑底设一排水管，通向排水沟，管口覆盖筛网防止逃鱼。

● 池壁离上缘 10 厘米左右设置溢水口，加盖纱网防止逃鱼。

● 北方气温低，为避免冬季鱼池冻裂，应采取钢筋水泥结构，南方可采用砖混结构。

2. 水泥池的使用

● 新修建好的水泥池，待到水泥凝固后，便可立刻注水，但不能马上使用，要先进行浸泡除碱。

● 一般注满水后，在水中加少量醋酸、盐酸或磷酸等进行中和碱，24 小时后排出，再重复一次，3 ~ 5 天后排出，再放清水浸泡 2 ~ 3 遍，反复冲洗池壁，然后用老水浸泡，浸泡时间一般为两周，等池壁微现青苔，放几尾鱼试水，确认安全后再批量放鱼。

水泥养殖池如图 7 所示。

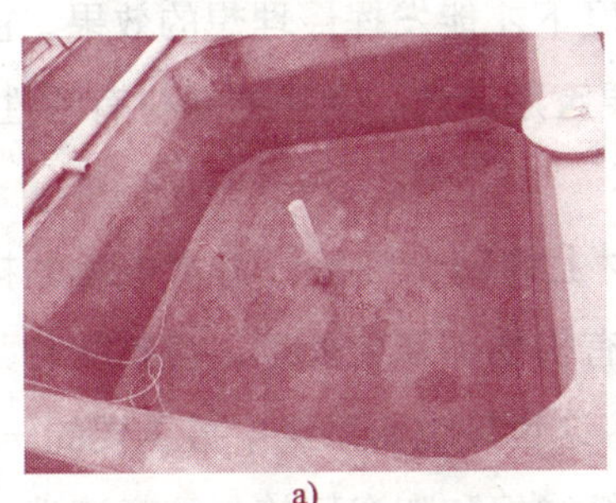

a)

b)

图 7　水泥养殖池

过滤和净化装置的建造

完整的过滤系统不仅能去除水中的悬浮物及多余的藻类，还能通过滤材上的生化细菌分解水中对观赏鱼有害的物质，如氨氮、亚硝酸盐等，使其转化为无害物质。

1. 过滤方式

● **物理过滤** 利用各种过滤材料或辅助剂将水中的尘埃、悬浮物、胶状物等除去，以保持水体透明度的过滤方法。能完成物理过滤的过滤材料有过滤棉、砂石等具有较密孔隙、透水性好的材料，通常把物理过滤设施设在过滤系统的初始端，以便于及时清洗。

● **化学过滤** 利用活性物质滤材将溶于水中的对鱼类有害的各种离子化合物或化学污染物、臭气等，以吸附、置换方式除去的过滤方法。化学过滤只在合理的水流速度下才能发挥最理想的效果，由于它们还同时有物理过滤的作用，需要定期清洗。常用的滤材有活性炭、麦饭石、磷石和离子交换树脂等。

● **生化过滤** 利用附着于滤材上的硝化细菌，将水中鱼的排泄物、残余饵料等废物所产生的含氮有机物等氧化处理，使其转化为亚硝酸盐，然后转化为硝酸盐的方法，这也是过滤系统中最重要的一环。常用的滤材有生化毛刷、生化球、纤维棉和陶瓷环等。注意清洗、消毒过滤槽时，不要冲洗掉或杀死这些细菌。

● **植物过滤** 利用植物吸收水中有害因子的方法。可利用的植物有浮萍、菖蒲、金鱼藻和水芋等。

2. 过滤池的建造

● 池水清洁，才有助于金鱼或锦鲤生长、增色、提高观赏性，因此必须建造过滤循环装置。具体方法是由养殖池底部最深处引接水管至沉淀池，水经各种滤材处理后用循环抽水泵再抽回水泥池，不断过滤水体。沉淀池为过滤池的第一部分，悬浮物及比重大的金属化合物在此沉淀，沉淀池底部的活门接排水管可将污水排掉。

● 过滤池的大小为养殖池的 1/5 ~ 1/3，过滤池面积越大，过滤效果越好。如果使用自来水或地下水时，应将新水注入过滤池中，使之变软并减轻残留氯气危害，不宜直接注入养殖池。

● 因硝化细菌分解作用需要氧气，故过滤池必须配置曝气管以增加水中溶氧。常用空气压缩机将空气直接压入水中，也可使用添加纯氧的方式。

土池的建造

● 土池以长方形或方形为宜，面积以 100 ~ 667 平方米为宜，池深 1.5 ~ 2.5 米。具体面积和池深根据养殖的种类和大小等条件灵活确定，一般锦鲤池面积稍大一些，金鱼池面积稍小一些；商品鱼池面积稍大一些，鱼种池面积稍小一些。池坡可用砖、石、预制板等材料护坡，也可进行水泥浇筑，效果比土坡要好。

● 土池面积大，管理粗放，金鱼活动空间大，但养殖效果不如水泥池。

话题 7 循环水养殖的水处理设施

循环水养殖的水处理基本方法

循环水养殖的水处理功能一般包括以下几种情况：

- 对养殖水悬浮物杂质，主要是残饵与粪便的去除，一般采用过滤或沉淀的手段。
- 降低水中氨氮含量，一般采用生物净化技术。
- 杀灭细菌、病毒，切断病源的来路，一般用紫外线或臭氧发生器。
- 纯氧增氧用分子筛富氧机或液氧。
- 水温调节在冬、夏两季特别重要，冬季一般用地热井水、锅炉或热交换器进行加温，夏季用井水降温。
- 同时为了随时掌握与控制水质，条件好的可在水处理系统或鱼池当中进行主要水质指标的测量和在线自动监测。

循环水养殖的水处理主要设施

1. 微粒机

● 微粒机的主要作用是过滤水中的固体杂质和悬浮物，滤网达到 250 ~ 350 目的细度，可以去除掉水中大部分固体污物，微粒机如图 8 所示。

● 鱼池回水自流进入微粒机中，经过微粒机的过滤去除较大的颗粒污物。微粒机具有自动反冲洗功能。

● 当微粒机滤网上的污物积累到一定程度（微粒机内水位会上升）时，反冲洗泵会自动对滤网进行反冲洗，冲洗一定时间后会自动停止（如未冲洗干净会继续自动冲洗）。

2. 砂滤罐

● 养殖废水经过砂滤罐中细石英砂的过滤，滤除细小的杂质。

● 砂滤罐上面装有旋转手柄，并配有均匀分布的功能控制槽，正常使用时，手柄卡在过滤槽的位置，砂滤罐如图 9 所示。

● 使用一段时间后，砂滤罐中堆积了污物，这时砂滤罐上的压力表的读数将会升高，压力到达一定程度时砂滤罐就需要进行反冲洗操作。

砂滤罐的压力太高，需要清洗了。

图 8　微粒机

图 9　砂滤罐

3. 生物滤池或生物滤塔

● 生物滤池或生物滤塔用于对养殖废水进行生化处理和物理处理，是一种生物过滤器，利用滤料表面形成的“生物膜”（各种好气性水生细菌——由分解菌和硝化菌、霉菌和藻类等生物组成）去除溶于水中的氨氮等有机物，即水从滤料间隙流过“生物膜”将水中的有机物分解成无机物，并将氨转化成对鱼类无害的硝酸盐。生物滤池由池体和全塑六边形蜂窝填料组成，池底部设增氧管和排污管，生物滤池如图 10 所示。

a)

b)

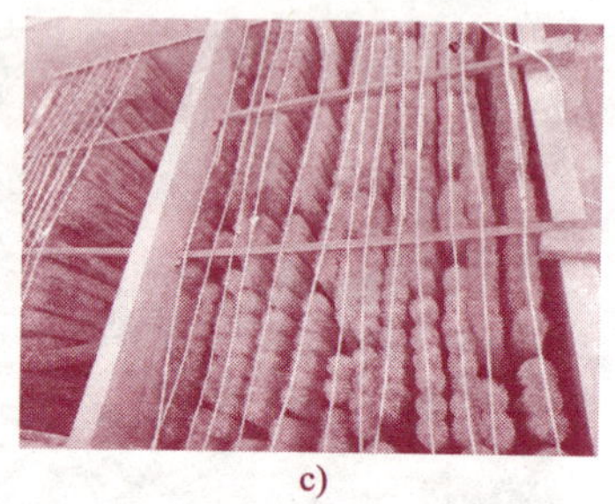

c)

d)

图 10　生物滤池

4. 蛋白分离器

● 又称为泡沫分离器。它是利用水中的气泡表面可以吸附混杂在水中的各种颗粒状的污垢以及可溶性有机物的原理，采用充氧设备或旋涡泵产生大量的气泡，通过蛋白质分离器将水净化，这些气泡全部集中在水面形成泡沫，将泡沫收集在水面上的容器中，它就会变为黄色的液体被排除。

● 蛋白质分离器可以有效地清除水中的有机物颗粒、蛋白质、有害金属离子等，水质净化效果较好。

5. 紫外杀菌器

● 紫外杀菌器中的紫外灯所发射的紫外线会将水中的细菌杀死，从而减少鱼类的病害。

● 确定有正常的水量流过杀菌器时才能开启杀菌器的电源，以免损坏杀菌器。

循环水养殖水处理系统工艺流程

一般循环水养殖水处理系统工艺流程为：

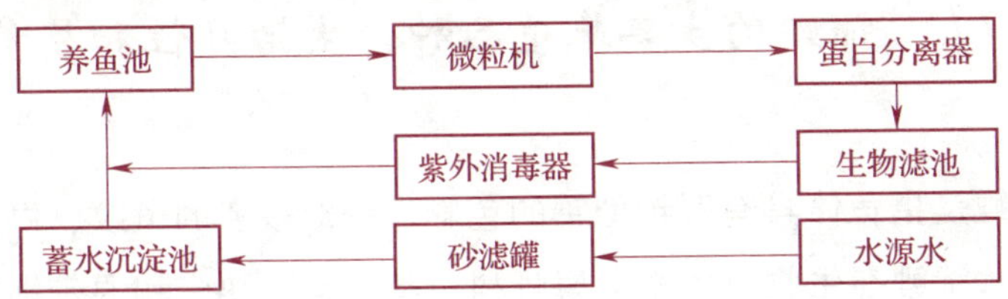

第二讲　温室、大棚养殖锦鲤

话题 1　锦鲤的主要养殖品种、生活习性和质量鉴赏

锦鲤是指鱼体具有鲜艳似锦的色彩、变幻多姿的斑纹、供人观赏的鲤鱼。锦鲤在生物分类学上属鲤科鱼类，是亚热带和温带地区的淡水鱼。锦鲤是风靡当今世界的一种高档观赏鱼，有“水中活宝石”“会游泳的艺术品”的美称 。以红白锦鲤、大正三色锦鲤、昭和三色锦鲤为最具代表性的品种，俗称“御三家”。其他锦鲤还有黄金锦鲤、德国鲤、绯鲤及其他变种鲤等。

锦鲤的主要养殖品种

● 锦鲤品种的划分主要以其颜色、鲤种来源为依据。从颜色上说，锦鲤由天蓝、银灰、大红、金黄、淡黄、乳白以及五花等不同体色的个体组成。

● 从鲤种来源上说，可分为绯鲤、革鲤和镜鲤。其中评价最高的品系是红白锦鲤系、大正三色锦鲤系、昭和三色锦鲤系。

● 日本学者及专家根据锦鲤的色彩、斑纹以及鳞片的分布情况，将锦鲤划分为 13 个大类，100 多个品种。

锦鲤主要养殖品种的特征

1. 红白锦鲤

（1）色泽 红白锦鲤体表底色银白如雪，上镶嵌有变幻多端的红色斑纹，绝不夹带任何其他颜色。白底色要纯，不能泛黄。红斑越浓厚越好，边际清晰、分明，而且分布均匀。如果红色模糊或掺有白斑，说明品质低下。

（2）花斑纹位置 红白锦鲤身上夺目的绯红色花斑纹长在白底色上的位置至关重要。头上一定要有红斑，而且头上红斑越大越好，但不能波及眼、颚、颊、吻部。红斑长在眼睛以上部位的锦鲤最为珍贵。以红斑前缘到达鼻孔线最好，到达眼线也不错。

（3）嘴吻特征 嘴吻上有小圆红斑的称为口红。如头部红斑大，到了鼻孔线，又有口红，就如同画蛇添足，档次下降。相反，如果头部红斑只到眼线或眼线以上时，口红就称得上是绝妙的配置了。

（4）躯干特征 躯干部花纹必须左右对称，头后肩部最好有大块斑纹，这是整条鱼的看点。头部与躯干部之间红斑应有白底切入，显出错落。假如是单调的直线花纹，就平淡无奇了。

（5）红斑分布特征 红斑在头尾分布要匀称，不能头重尾轻。靠近尾部不能只是白底，配上红斑，称为尾结，更添靓丽。尾结距尾部2厘米左右为最佳比例，但不能扩展到全部尾部。有的高档红白锦鲤，虽然其尾结靠前或无尾结，但其身躯长得较大，也能弥补这一不足。

根据红色斑纹的数量、形状和在鱼体上的部位又分为五种：

- **二段红白锦鲤** 在洁白的鱼体上，生有两段绯红色的斑纹，似红色的晚霞，鲜艳夺目。躯干部的红斑要左右对称才算佳品。
- **三段红白锦鲤** 在洁白的鱼体背部生有三段醒目的红色斑纹。
- **四段红白锦鲤** 银白色的鱼体上散布着四块鲜艳的红斑，称为四段红白。
- **一条红红白锦鲤** 从头部至尾结仅由一条线条优美的红斑纹或红色条带构成的红白锦鲤。
- **闪电纹红白锦鲤** 鱼体上从头至尾有一红色斑纹，此斑纹形状恰似雷雨天的闪电弯弯曲曲，妙不可言，因此而得名。

2. 大正三色锦鲤

大正三色锦鲤鱼体雪白的底色上分布有红色和黑色斑纹。以头部只有清晰红斑，背部只有黑斑，胸鳍上只有黑色条纹的为上乘。根据鱼体上红、黑色斑的分布，大正三色锦鲤可分为四种：

- **口红三色锦鲤** 又称口红大正三色锦鲤，在鱼的嘴唇上生有圆形鲜艳优美的小红斑。
- **赤三色锦鲤** 从头部至尾柄有连续红色斑纹的大正三色锦鲤，称为赤三色锦鲤。
- **富士三色锦鲤** 在鱼体白色的底色上除有红、黑两种斑纹之外，头部出现银白色粒状斑纹。

● **德国三色锦鲤** 以镜鲤为基本型，鱼体无鳞，在白色皮肤上，赫然呈现出红、黑斑纹，幼鱼时期鱼体尤为华丽。

3. 昭和三色锦鲤

昭和三色锦鲤在鱼体的黑色底色上有红、白花纹为点缀，胸鳍基部有圆形黑斑，又称元黑。头部黑斑是一定要有的，而且斑纹要大，不然就不够档次。昭和三色锦鲤的种类有四种：

● **淡黑昭和锦鲤** 淡黑昭和锦鲤的黑斑上，所有鳞片呈浅黑色，淡雅优美，别具风采。

● **绯昭和锦鲤** 自头部至尾柄有大面积红色花纹，红黑相间，持重而艳丽。

● **近代昭和锦鲤** 鱼体仍由黑、红、白三色组成，但白色斑纹居多，而黑纹犹如墨点白宣，具有大正三色锦鲤的鲜明色彩，清晰而庄重。

● **德国昭和锦鲤** 以镜鲤为基本型，德国鲤鱼体披上昭和三色锦鲤的彩衣，花纹鲜明，幼鱼时期鱼体尤为华丽。

4. 写鲤

写鲤又称写物，这类锦鲤的体色是以黑色为基底，上面有三角形的白斑纹、黄斑纹或红斑纹，分别称为白写锦鲤、黄写锦鲤和绯写锦鲤。写鲤分为四种：

● **白写锦鲤** 其黑底色上有白色三角形斑纹，此鱼黑白分明，清秀淡雅。

● **黄写锦鲤**　黄写锦鲤的黑斑应乌黑闪光，黄斑应金黄而有光泽。

● **绯写锦鲤**　在黑底上有橙红色三角形斑纹，胸鳍亦有红条斑纹，此鱼无论是斑纹还是色调都较完美，光彩艳丽，引人注目。

● **德国写鲤**　此鱼为德国鲤，鱼体为无鳞或散鳞型。

锦鲤的食性

● 锦鲤属杂食性鱼类，无论是动物性还是植物性饵料均可摄食，一般软体动物、水生植物、底栖动物以及细小藻类都是锦鲤的食物。由于锦鲤对食料适应的范围广，以及对其他生活条件的要求也不十分严格，所以生命力较强。

● 锦鲤在不同的生长发育阶段，食性也有一定的变化。刚孵出的鱼苗，食物大体是轮虫和小型枝角类；3 厘米以上的幼鱼，则以底栖生物、昆虫幼虫、贝蚧、螺和水生高等植物碎片等为食；成鱼为杂食性，可投喂人工配合饵料。锦鲤不仅能吞食饵料，也能从池塘底泥中摄取食物。锦鲤上下颚无齿，常以发达的咽喉齿咀嚼坚硬的食物。

● 由于锦鲤比较特殊，在饲养中除了需要喂食普通的生长型饵料外，还必须投喂增色型饵料。不然，再名贵、优质的品种，久而久之也会退化成普通锦鲤，甚至恢复其祖先——鲤鱼的体色。这种增色或称为扬色的饵料就是为了维持或增加锦鲤的色彩而特别制作的，其主要成分是大马哈鱼、鳟鱼的肌肉色素，锦鲤服食后，红色部分就会明显增强。

锦鲤的生活习性

1. 锦鲤的性情

● 锦鲤属于温和的群集鱼类，它们对别的鱼类不具有侵略性。锦鲤虽然体形很大，但性情温顺，可成群饲养在一起，喜欢集聚群游。

● 经过较长时间的驯养后，这类鱼不仅不害怕人，还会对饲养者产生亲近感。养熟了的锦鲤还懂得接受饲养者的召唤。当鱼熟识饲养者每次喂饵时发出的某种信号后，只要饲养者一发出这种信号，鱼群就会前来进食，甚至饲养者对其抚摸或将其托出水面，它也不逃避。

2. 锦鲤的生长发育特点

● **生长**　除水温、饵料、遗传和摄食能力等能影响锦鲤的生长速度外，雌、雄鱼的生长也有很大的差异。一般来说，2 龄以前雄鲤生长较快，2 龄以后雌鲤生长较快。平均 1 龄锦鲤长 10 ~ 20 厘米，2 龄锦鲤长 24 ~ 30 厘米，3 龄锦鲤长 37 ~ 40 厘米，5 龄锦鲤长 45 ~ 50 厘米，10 龄锦鲤长 55 ~ 70 厘米。锦鲤的寿命很长，一般可达 70 年。其年龄的测定与多数鱼类相同，通过测定鳞片的年轮数可知锦鲤的年龄。

● **发育**　锦鲤的性腺成熟，雄鱼为 2 龄，雌鱼为 3 龄。性腺成熟后即开始产卵，每年产卵 1 次，每次产卵 20 万～40 万粒，产卵期一般在每年的 4—6 月。

3. 锦鲤对水温的要求

● 锦鲤属于温带性鱼类，对水温的要求并不严格，锦鲤生活的水温范围为 2～30 摄氏度。

● 锦鲤对环境的适应性虽强，但却有不能抵抗水温急骤变化的弱点，如长期人工饲养，水温升降 2～3 摄氏度时尚能忍受，温度下降或升高的幅度超过 2～3 摄氏度时，锦鲤容易生病，体表面往往出现白膜，即感冒症状；温度升降幅度达到 7～8 摄氏度时，锦鲤匍匐于水底不食不动；若温度突变幅度再增大，锦鲤甚至会立即死亡。

● 锦鲤最适生活的水温是 20～25 摄氏度，在这种温度的水中，锦鲤游动活跃，食欲旺盛，体质健壮，色彩鲜艳。

4. 锦鲤对水质的要求

● 锦鲤终生在水中生活，水质的好坏决定其生存和生长的好坏。锦鲤依靠鳃吸收溶于水中的氧，将氧送到鱼体中和吸收的食物营养成分化合而产生能量以维持生命，水中是否有充足的氧是养好锦鲤的关键，水中的溶氧过低，锦鲤就会出现浮头现象；严重缺氧时，就会窒息死亡。

● 一般锦鲤对溶氧的要求在5毫克/升以上,最低也要在3毫克/升，低于这个极限，锦鲤就会死亡。

● 锦鲤在 pH 值 6.5～8 的水中都能生存，但以 pH 值 7.2～7.4 的弱碱性、低硬度的水最为适宜。

最适合俺们生活的水温是20～25摄氏度。
C F

锦鲤的鉴赏要点

● **鉴赏它的阳刚美** 鉴赏金鱼犹如鉴赏盆景，取其阴柔之美；鉴赏锦鲤则犹如鉴赏参天大树，取其阳刚之气。因此，锦鲤越大越具观赏价值。

● **鉴赏它的王者风范** 锦鲤堪称淡水鱼王，体型较大，长着两对胡须，个性刚强有力，泳姿雄健。将锦鲤放入自家水池中观赏，自然令人心旷神怡，仿佛自己也成为王者一般。

● **鉴赏它的花纹美** 一般的观赏鱼都是整齐划一的花纹，没有变化。而锦鲤的花纹多变，没有完全相同的花纹。因此，能令人感到自己拥有的锦鲤为全世界绝无仅有，更能满足人的占有欲。

● **鉴赏它的色彩美** 锦鲤具有红、白、青、黄、紫、黑、金和银等多种色彩，可媲美锦缎、绸缎。而锦鲤生长过程中随鱼体大小和环境变化，其色彩和花纹常会有一些改变，这更能引起爱好者的强烈兴趣。另外，锦鲤稳健温驯，能与人亲近到从手中取食或任人抱起，训练后可以辨认主人，当主人沿池边巡视时，它们常跟在身后将头露出水面，样子非常可爱。

● **鉴赏它的动态美** 如果说画、古董之美为静态的，那么锦鲤之美就是动态的，堪称“水中活宝石”。锦鲤不仅独处时具美感，群泳时更是美妙非常。尤其在摄食时，看它们游动和取食的样子，能让您融入大自然，忘掉一切尘世烦恼。

● **鉴赏它的吉祥美** 锦鲤性格雄健沉稳，又特别长寿，平均年龄可达 70 岁。而日本记载最长寿者超过 200 岁。因为寿命长，被视为吉祥的象征，故又称“祝寿鱼”。

锦鲤鉴赏标准

锦鲤的鉴赏标准，因个人的眼光与爱好而异。但对于全国性乃至世界性的锦鲤品评会而言，要有一个较为统一的评分标准。目前较为流行的鉴赏评分标准是：姿态 30 分，色彩 20 分，斑纹 20 分，资质 10 分，品位 10 分，风格 10 分，合计 100 分。

1. 姿态（30 分）

● 锦鲤评审中最重要的是包括泳姿在内的姿态。体形要求左右均匀对称，脊柱笔直，背部形成优美的曲线，具有优美的头形、美丽的鳍，鱼鳍游动时要灵活，各鳍要对称完整，体高、体长以及体幅要协调等。

● 体形异常可分为缺损与缺点。所谓缺损就是鱼体缺少某些组织或器官，例如缺少眼球，缺少腹鳍等。这种体形异常的锦鲤应淘汰，不能作为评审的对象。所谓缺点就是譬如右边下腹部隆起或头部下陷等情形，如果具有其他优点的条件，仍然具有参加品评会的资格，也有机会获得高分。另外眼部稍微下陷也视为缺点之一。

2. 色彩（20分）

● 色彩以鲜明浓厚为佳，对于任何品种，选择时以鲜明、艳丽、斑纹清晰、边缘整齐、光彩夺目者为上品。如白底务必雪白而无污点或污斑。头部常发现呈饴黄色的，必须注意。红斑要求边缘鲜明，且红质均匀而浓厚。

● 色调以橙红色为基底的，以格调明朗的红色为佳；以紫色为基底的，红色在视觉上较浓厚，然而品位较低。黑斑以呈圆块状、较尖锐者为佳，黑质须漆黑结实，不可分散或浓淡不均匀。总之，全身光彩发亮的为最好。

3. 斑纹（20分）

● 关于斑纹，各品种必须各自具备特有的斑纹。要求左右斑纹平衡，嘴吻上及尾基部要有白色部分。

● 头上的红斑以鞋拔形、圆形或略有偏斜者较为典型。斑纹的观赏重点在头部与背部之间以及尾基部分，尤其以头部与背部之间最为重要。头部须有大红斑；红白鲤须在颈部有白底缺口，大正三色则有坚实的黑斑于颈部为理想。尾基部须留有白色部分，不要有太多的黑斑或全红。

4. 资质（10分）

● 锦鲤的资质优劣评判须靠经验的累积，这种判定须依据其白质、红质、黑质以及体形等综合评估。较为重要的一点是具有不使红色或黑色消退且能在短期内长成巨鲤的素质。头部大而圆滑，具有生长成巨鲤的相貌者资质较佳。

● 资质与评审标准的任何项目都有关，是综合评价一条锦鲤的标准。姿态好、色调佳、斑纹美、品位高、具有风格等都与良好的资质息息相关。

5. 品位（10分）

● 若要提高品位，必须以良好的资质、体形、斑纹等为先决条件。只有品位高雅的锦鲤，方有资格被选定为总优胜。如额部的红斑形状良好的称为“良好的面貌”，相反如果头部全红或头部红斑延伸至嘴吻则称为“其貌不扬”。

● 花纹不但要在具有美感的位置，同时也要有优雅的形状。对“御三家”来说，尾基部要留有足够的白色也是体现品位的一个重要方面。

● 过分肥胖、头部太大或不正者的品位较差，胸鳍大而圆、体形潇洒、姿态优雅者具有较高品位。

6. 风格（10分）

● 风格一般针对大型鲤鱼而言，也就是注重体格粗壮，具有稳重感。因为锦鲤观赏着重于其雄伟之风，若斑纹有少许缺点或色彩较淡，但具有巨大的体格和丰满的身躯，则在考虑风格的条件下也可获得优先。也就是说，当评审时假如其他评审项目积分相同时，则优先选取巨大的锦鲤。

● 因为评审标准列有风格项目的缘故，身躯丰满的锦鲤很受欢迎，易于长成丰满体格的雌鲤也较吃香。但风格不单指体形大而重，虽然身体丰满而且质量大，若体形变异也会失去意义。雌鲤的腹部异常膨大而垂下或呈两段形状也不佳。良好的风格应该是外形美观而有稳重感。

优质锦鲤的质量标准

● 鱼体背部挺直，左右平衡。背鳍、尾鳍端正挺拔，胸鳍、腹鳍要对称。

● 两只眼睛之间的距离要宽，相隔较宽的通常体形长得较大。胸鳍的基部到吻端的长度，也就是头部的长度不能太短，如果太短，鱼则长不大。眼睛和嘴巴的距离不能太短，如果这个部位太短就会形成三角形的头，这是很不理想的。吻部厚实、端正、无歪斜。双颊均匀、饱满、不凹下，头顶饱满为高档次锦鲤；头顶扁平的锦鲤档次上不去。

● 胸鳍要完好，无开裂。不同的品系，胸鳍形状会有不同。但是同一品系的锦鲤，胸鳍偏小、太尖或呈三角形，都属于劣等。从胸鳍到尾柄这一段体形一定要很顺畅、平滑，不能有突然隆起或凹陷。

● 尾柄粗壮，尾鳍要厚实、有力。尾鳍相对很薄，呈半透明状，看上去像纸一样脆弱，还有破裂，说明生长的水质不好，营养、发育不良。尾鳍太长，尾鳍的叉型凹处太深，都是劣等锦鲤的表现。

● 一般人都注意鱼体的厚度，觉得越厚越壮实。同时不能忽略鱼体的侧高。虽然不同品种的锦鲤侧高会有所差异，但好锦鲤的背部最高点应该位于背鳍的前面一点儿。侧高最高点长在背鳍的中间的锦鲤，看起来像驼背，是不合格的。锦鲤体高与体长的比例在1：(2.6～3)为最好。

锦鲤的选购

1. 选购锦鲤的一般标准

● **体形方面** 要求鱼背挺直，鱼体左右平衡，游姿稳重端正，身体雄健有力。颊的形状和口位端正，无歪斜，两端饱满不凹陷，各鳍要对称完整，游动时要灵活。

● **色彩方面** 色彩是锦鲤最直观的体现，选择时以鲜明、艳丽、斑纹清晰、边缘整齐、光彩夺目者为上品，至于斑纹方面，可视个人爱好选择。

2. 选购锦鲤稚鱼

● 5 ~ 10 厘米大的称为稚鱼。选购稚鱼如选购红白、大正、昭和时，要选择红斑纹的配置良好，且边缘清晰、色彩浓厚者。最好不要选择黑斑较大而多的，因黑斑会随着生长而集中变大，易于退化而分散，所以应选择在白底上隐约可看到黑斑纹者为佳。

● 除了注意花纹外，体形也不可太过瘦小，变形、畸形、有外伤或患病的鱼是绝对不可选择的。

3. 选购锦鲤幼鱼

● 锦鲤幼鱼是指 15 ~ 35 厘米长的小鲤。幼鱼时期和成鱼后的花纹外观差异大，幼鱼时期配置良好的花纹，往往到了成鱼因斑纹之间的距离过大而失去了魄力；而有时幼鱼体表上的大花纹

黑斑较大而多的不要。

看起来不太协调，然而一旦长成大鱼时，增加了适当的白底，反而显得很美。

● 要选购素质高的幼鱼，第一，要求头部骨骼粗大，体形圆滑；第二，尾基部要粗。另外，幼鱼时期雄鲤生长较快，红黑斑纹浓厚，斑纹边缘鲜明；而较大型时期，雌鲤比雄鲤容易长大且丰满，因此想得到好的大型鱼应选择雌鲤。

4. 选购中型鱼

中型鱼是指 35 ~ 55 厘米长的锦鲤，也就是 3 ~ 4 龄的锦鲤，是色彩最艳丽的巅峰时期。可以按照选购成鱼的方式来选购自己喜欢的锦鲤品种。

5. 选购大型鱼

大型鱼是指体长 55 厘米以上的锦鲤。大型鱼的颜色及体形均已成形，所以选购好以后可以直接买回家欣赏而不会再产生任何变化。

话题 2 锦鲤的人工繁殖技术

雌雄亲鱼的鉴别

● **体形** 雌鱼的头部小而长，身体短粗而丰满，腹部膨大，越接近临产时腹部膨大越明显；雄鱼的头部大而短，体形瘦长。

● **胸鳍** 雌鱼的胸鳍端部呈圆形，较大；雄鱼的胸鳍端部略小而稍尖，粗壮而强硬。在生殖季节，雌、雄鱼的区别十分明显，雄鱼的胸鳍第一根鳍条和鳃盖上出现若干白色粒状小突起，称为“追星”，生殖季节过后“追星”自行消失。

● **腹部和肛门** 雌鱼的腹部膨胀而柔软，雄鱼腹部小而坚硬，用手一摸即可判别。雄鱼生殖孔小而下凹，用手轻压有乳白色精液流出；雌鱼生殖孔稍宽而扁平，微有外突，用手轻压腹部有卵粒排出。

● **产卵动作** 最容易区别雌、雄鱼的方法就是看产卵的动作。雌鱼在产卵期间不停地游动，释放出能刺激雄鱼的气味，雄鱼则用头部顶触雌鱼的腹部，出现追尾现象。

亲鱼的选择

● 作为观赏鱼的锦鲤繁殖要有目的地选择亲鱼。锦鲤主要观赏背面，所以最好选择上下较扁、剖面是扁椭圆形、整体呈纺锤形的，而色彩则需根据培育目的来选择相应体色的亲鱼。

● 选择用来繁殖的亲鱼必须具备以下条件：体质健壮，无病，无伤残；品种特性明显，体色鲜艳，颜色多样、色斑边际界限分明、无虚边，无疵斑，左右对称；鳞片光滑整齐；游姿稳健，各鳍完整无缺陷。

亲鱼的强化培育

● 锦鲤亲鱼要雌雄分养，一般可用水深1.2米、面积100平方米的水泥池暂养，放养密度为0.4 ~ 0.5千克/平方米，要求水中溶氧量为5毫克/升以上，水温18 ~ 22摄氏度。每周换水20%，经常注入新水刺激，以提高亲鱼的性成熟度和性兴奋度。

● 严格按照定质、定量、定时、定点的原则投喂配合饲料。一般日投喂量为鱼体重的2% ~ 3%，日投喂2次，上午、下午各一次。

● 坚持早、中、晚巡池检查，观察亲鱼进食、活动情况。

● 每天及时清除残饵及池底污物，保持水质清洁，注意水质变化，防止亲鱼缺氧浮头。

雌雄搭配

● 为提高受精率，必须保证有足够的精液量，因此繁殖用亲鱼雌雄搭配比例一般为2∶3，若雄鱼数量不够，至少为1∶1，但必须注意两者的体质、大小及年龄。

● 锦鲤性腺成熟的年龄为1 ~ 2龄，初次性腺成熟，其生殖机能不够旺盛，怀卵量及产卵量均不大，孵出的仔鱼先天发育不良的情况较多，若长期采用这一年龄组的亲鱼，其繁殖的后代还有性状退化现象。

● 最好选择 3 ~ 5 龄、体重达 2 ~ 3 千克的亲鱼，此年龄组的亲鱼生殖机能旺盛，生殖腺饱满，卵子个体大，精子活动力强，受精率和孵化率都高，作为亲鱼最理想。若亲鱼的年龄太大，其受精卵的孵化率也会降低。

产卵前的准备工作

1. 产卵池的准备

● 产卵池可兼作孵化池。产卵池一般采用小型水泥池，池的形状不限，一般水泥池规格为 4 米 ×4 米 ×0.8 米或 3 米 ×4 米 ×0.8 米，水深 0.4 ~ 0.5 米。产卵池准备好后，彻底刷净池壁、池底的青苔等附着污物，用 10 毫克 / 升的高锰酸钾溶液或 20 毫克 / 立方米漂白粉溶液消毒，再用清水冲洗干净备用。若是新建水泥池，使用前用干净的水浸泡 20 天以上，用来防止 pH 值过高，最后用清水洗净备用。

● 繁殖用水采用 pH 值 7.2 ~ 7.4，水质清洁，低硬度的水为好，水体溶氧应保证在 4 毫克 / 升以上。

2. 鱼巢的准备

● 锦鲤卵属黏性卵，因此产卵前要在产卵池内加入鱼巢，使受精卵黏附其上。制作鱼巢的材料有水草（金鱼藻、聚草、狐尾藻等）、棕榈皮和柔软无毒的化学纤维等。

● 制作方法：若用水草则必须在使用前 3 ~ 5 天捞回来，除去枯枝烂叶，清洗干净，用 100 毫克 / 升的高锰酸钾水溶液浸泡 20 分钟，用清水漂洗干净后，捞出晒干。用时将其截成 30 厘米长的小段，取数十根为一束，并用绳在一端扎好，撒开成放射形环状鱼巢，下面系上一块小石子，悬坠于水中。如用棕榈皮，须将其用水浸泡并反复蒸煮，直至没有黄色汁水为止，再经消毒后扎成束。如用化学纤维，洗净后即可制作，方法同水草。

人工催产

● 选择性成熟度较好的亲鱼放入产卵池中，按雌雄比例为 2 : 3 配备。雌雄亲鱼混合放入产卵池中，水温控制在 20 ~ 24 摄氏度，并保持流水刺激，流速控制在 10 ~ 20 厘米 / 秒。催产时间以 16 : 00—17 : 00 为宜。

● 雌鱼的催产剂量为：鱼用绒毛膜促性腺激素（HCG）800 ~ 1 000 IU/ 千克鱼体重，或鱼用促黄体素释放激素类似物（$LRH\text{-}A_2$）8 ~ 12 微克 / 千克鱼体重。

● 雄鱼：剂量减半。药物用注射用水或生理盐水稀释后使用，注射次数为一次，在胸鳍基部注射。

● 催产后效应时间为 10 ~ 14 小时，当亲鱼发情、追逐时，进行人工干法授精，然后使受精卵均匀黏附于鱼巢上。将附卵鱼巢移至 5 ~ 10 毫克 / 升亚甲基蓝溶液中浸泡 3 ~ 5 分钟，或用 3% ~ 5% 的食盐溶液浸泡 10 ~ 15 分钟，再移至孵化池中孵化，以防止水霉病的发生。

自然产卵

● 在我国的北方地区，4 月下旬至 6 月中旬是锦鲤的繁殖季节，当水温上升到 18 摄氏度以上时，即可将性成熟度好的亲鱼移入产卵池，按雌雄比为2∶3 的比例配组，亲鱼的放养密度为 2 ~ 3 尾 / 平方米。

● 在池的四周呈一字形或三角形吊挂鱼巢，并保持流水刺激亲鱼发情、产卵，流速控制在 10 ~ 20 厘米 / 秒。亲鱼入池后，发现有相互急促追逐现象时，表明即将产卵。这时雌鱼会表现出频繁摇动尾部的待产征兆，雄鱼则会活泼地游来游去，不停地追逐雌鱼，并把颚部和腹部靠近雌鱼，有时会痉挛地催促雌鱼，这是产卵的前奏。

● 到临产时刻，雌鱼钻入鱼巢，并在其间来回穿梭，雄鱼也紧紧跟在后面，并用头、鳃盖、胸鳍摩擦雌鱼的腹部，雌鱼受到刺激后，游动加快，有时跃出水面。当发情达到高潮时，雌鱼连续收缩腹部肌肉，卵随即排出体外，同时雄鱼也跟着排出乳白色的精液，使其与卵在水中相遇受精。

● 受精卵黏附在鱼巢或产卵池壁上。当水温上升到 20 摄氏度时，亲鱼大量产卵，一般产卵时间在黎明前开始，产卵行为一直持续到上午 10 时或中午。雌鱼一次可产 20 万 ~ 40 万粒卵。

● 亲鱼发情、产卵结束后，将鱼巢移入孵化池或留在产卵池中孵化，亲鱼放回亲鱼池进行产后康复培育。

产卵期注意事项

● 雌鱼是否有滞产现象（俗称产门不开）。这种情况除外界干扰外，雄鱼少、体质弱、发育差也可引起，应酌情增加或调换雄鱼。雄鱼过多过强，雌鱼被追得疲乏也会引起这种现象，这种情况下应将雌、雄亲鱼暂时分开休息。

● 雌、雄亲鱼是否有擦伤现象，一旦发现要及时进行治疗。在产卵高峰期，当一束鱼巢粘满卵粒后要及时取出放到孵化池中，再换入新鱼巢，尽量避免鱼卵落到池底或粘在池壁上，造成损失。当天产卵完毕后，要及时取出鱼巢。

● 产卵期间要加强对亲鱼的饲养管理，促进性腺充分发育。产卵前投喂亲鱼喜食的活饵料；产卵开始后亲鱼由于发情而食欲降低，喂食不宜过多，最好喂活饵。产卵结束后，亲鱼食欲恢复，可适当增

产门不开啊，是不是应增加或调换雄鱼了？

加投饵量，以利鱼体恢复健康。

● 每天产卵后，下午应换水一次，以清除产卵池边缘的卵粒及未受精卵，防止水质腐败，即使鱼产卵不多也要换水。

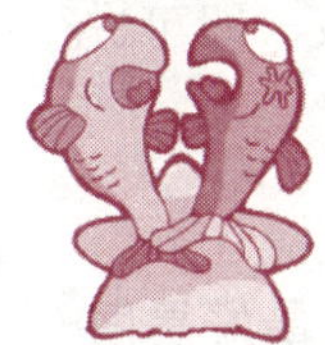

人工授精

1. 人工授精的好处

● 可以根据人们的意愿让异品种或两地饲养的同一品种亲鱼杂交，有利于培育新品种和提纯品种的特征。

● 在雄鱼少或雄鱼不健康的情况下，也能进行繁殖，不受产卵条件差的束缚，弥补了自然受精的不足，提高了精子细胞的利用率和鱼卵的受精率。

● 人工授精操作简便，有利于减少雌鱼因难产而死亡情况的发生，在繁殖季节可以有计划地安排、掌握锦鲤产卵时间。

2. 人工授精的操作要领

● 锦鲤人工授精一般按离水人工授精方法操作。

● 在繁殖季节，看到池中的雄鱼持久不舍地追逐雌鱼，雌鱼已有少数卵粒排出时，可立即把雌、雄锦鲤轻轻地捞进面盆中，由于锦鲤的个体较大，在进行人工授精时，要将亲鱼鱼体抱在手中。

● 用左手握住鱼的尾柄，右手握住鱼的头后背脊处，腹部朝上并向下倾斜 45°，轻轻擦干体表，然后轻压雌鱼腹部，使卵子流入干燥的白色脸盆中，同时轻轻挤压雄鱼的腹部，将精液挤于其上，用消毒过的羽毛轻轻搅拌，使之受精。

● 2 ~ 3 分钟后，即将受精卵均匀地倒在预先置于浅水脸盆的鱼巢上，静置十几分钟，待受精卵粘固后，用清水洗去精液，即可进行孵化。

3. 人工授精的管理工作

● 整个受精的过程中所用的水，其温度应该相同，最好是同一蓄水池中的水，否则，操作过程中所用的水前后温差过大，精子、卵子都会因受不良刺激而降低活力，严重时会导致人工授精失败，产后亲鱼也不易成活。

● 不可将受精卵放入“老水”中孵化，也不可将“老水”中产的受精卵直接移入新水孵化池中孵化，要在移入孵化池之前用清水漂洗几次，以免把“老水”中含有的藻类等带入孵化池或在受精卵上继续大量繁殖，影响水质和受精卵的呼吸，造成受精卵的死亡。

受精卵孵化

● 孵化时的水深一般为 40 厘米，孵化池的结构、形状及规格与产卵池基本相同。孵化池的水温要与产卵池水温相同，水温高于或低于产卵池水温 5 摄氏度时，会降低孵化率，水温温差再大会使受精卵死亡。锦鲤的受精卵吸水后，直径为 1.4 ~ 1.8 毫米，有黏性，会黏附于鱼巢上进行孵化。

● 等亲鱼产完卵后，将附有受精卵的鱼巢取出，用 5% ~ 7% 的食盐水浸泡 5 分钟消毒，然后移出亲鱼，鱼巢放在产卵池中进行孵化，或将鱼巢移入孵化池孵化。孵化时保持水中的溶氧量为 6 ~ 8 毫克/升，并保持微流水状态，防止水温急剧变化，受精卵孵化如图 11 所示。

图 11　受精卵孵化

● 孵化期的长短与水温高低有关，在适宜水温范围内随水温的升高而缩短，在水温 18 摄氏度左右时需 4 ~ 5 天，在 20 ~ 22 摄氏度时为 3 ~ 4 天，在 25 摄氏度时约 3 天即可孵出仔鱼。刚孵出的仔鱼，不食不动，依靠卵黄囊中的营养物质来维持鱼体生存需要的能量，用鱼体的附着器官吸附在鱼巢上。当鱼苗中的卵黄囊基本消失、鳔充气、能平游时即可出池。操作时应将鱼苗带水一起外移，水的温差不超过 3 摄氏度。

● 孵化时要注意及时清除鱼巢上乳白色的未受精卵，以防水质污染。受精卵孵化 2 ~ 3 天后进入敏感期，要尽量避免振动鱼卵，以提高孵化率，减少畸形仔鱼的出现。

产后亲鱼的培育

亲鱼产卵结束后，应及时将雌雄亲鱼分别移入与原池水水温基本相同的饲养池中精心饲养，尤其是珍贵品种。产后亲鱼的管理要注意以下几点：

● 一是在分离雌雄亲鱼、更换饲养容器及以后清污、换水时，要用盆连水带鱼一起取出，确保体质虚弱的鱼体不再受机械损伤，若已受伤应在伤口处涂抹消炎药物并在池中投放 2 ~ 3 克 / 立方米的呋喃西林或 0.2 克 / 升的食盐消毒。

● 二是换池前后的水质相同，水温差不超过 2 摄氏度，最好将产后亲鱼放回原池中静养。静养时，池水要清洁，经常加注新水，根据情况及时排污。

● 三是根据亲鱼食欲情况及时投喂适口和优质的饵料。一般亲鱼产卵后体质虚弱、食欲差，应减少投饵。产卵当天停食或少食，以后给食量为平常日投饵量的 1/3 ~ 1/2，且要喂优质活红虫、螺类等饵料，以助其迅速恢复体力，待其体质基本恢复正常后，方可按正常饲养技术来管理。

小知识

催产效应时间

催产的效应时间是指从注射第一针催产剂至排卵所经历的时间，与水温、性成熟度及催产剂的种类有关。在进行批量人工催产时，群体排卵高峰一般在个别开始排卵后 0.5 ～ 1.5 小时内，此时卵的质量最佳，应适时进行人工授精。

话题 5 锦鲤苗种的培育技术

锦鲤苗种的挑选

锦鲤苗种的选择除遵循一般苗种的挑选标准，如鱼体健壮无伤、鳞片完整、颜色多样、色泽鲜明、游动活泼、溯水性强、体表无寄生虫等之外，考虑到其观赏价值，一般还需在孵化后的 3 个月内进行 3 ~ 4 次挑选。挑选时间因品种、生长速度的快慢和出现斑纹的早晚而有所差异。例如红白锦鲤、大正三色锦鲤鱼苗出膜约 40 天，培育至全长 3 ~ 5 厘米时，体色和图案明显，进行第一次挑选；培育至

8 ~ 10 厘米时，进行第二次挑选。昭和三色锦鲤则在出苗后 3 ~ 5 天，进行第一次挑选；40 天后，进行第二次挑选。挑选的严格程度随鱼体的长大和挑选的次数增加而提高，且为了保证锦鲤的存活率，每次挑选应间隔 20 天左右。

1. 第一次挑选

● 在仔鱼孵出后的 20 ~ 30 天内进行，个体长到 3 ~ 5 厘米。

● 主要是选留体质健壮、游动活泼、脊柱笔直、各鳍无畸形或缺陷、品种特征明显的个体，淘汰全红、全白和畸形个体。

● 首次挑选的时间因品种的不同而不同。品种不同，其生长速度和出现斑纹的时间也有差异，首次挑选的时间也不同。

2. 第二次挑选

● 在第一次挑选后 20 天左右，个体长到 8 厘米左右时开始第二次挑选。

● 选择标准为各鳍形状优美，尤其是胸鳍、头形对称，眼、吻、触须无变形，色彩鲜艳浓厚，图案斑纹清晰，品种特征明显等。

3. 第三次挑选

● 与第二次挑选间隔 20 天左右，在个体长到 15 厘米左右时开始第三次挑选。

● 以鳍形、体形、色彩以及图案斑纹等品种特征是否明显为挑选标准。选留鳍形好，纺锤形体形，色彩艳丽，斑纹清晰的优质个体。

● 锦鲤幼鱼的挑选，因品种不同而存在差异，大致挑选要点有两条。第一，去掉畸形，鳍腐烂的病锦鲤以及颚部发育不全的锦鲤；

第一次挑选要去掉全红、全白和畸形的小鱼。

第二，依照斑纹的生长状况和质量好坏的标准进行挑选。如红白系锦鲤，红斑纹颜色淡的应该淘汰。

● 在第三次挑选以后可以进行分级。

鱼苗放养前的准备工作

鱼苗的培育方式可分为两种：小型水泥池培育和土池培育。

1. 水泥池准备

● 水泥池大小一般为 10 米 ×5 米 ×0.8 米或 10 米 ×10 米 ×0.8 米，并配有充氧设施。

● 培育鱼苗的水泥池在鱼苗放养前，先注入少量水，用毛刷带水洗刷全池，再用清水冲洗干净后注入新水，用 10 毫克 / 升漂白粉溶液或 15 毫克 / 升的高锰酸钾溶液浸泡 5 ~ 7 天后可放鱼苗使用。

● 新建的水泥池必须先用硫代硫酸钠进行“脱碱”，并经 15 天试水确认无毒后才能放养鱼苗。

2. 土池准备

● 培育锦鲤鱼苗的池塘一般为 667 ~ 1 334 平方米，池深 1.5 米，水深 0.4 ~ 0.6 米。池塘堤埂要坚实，无渗漏缝眼，以防止幼鱼逃出或其他鱼苗窜入池内造成危害。

● 土池先进行修整，清除淤泥、塘水，池底推平，夯实堤壁，修补裂缝，然后暴晒 1 周。在鱼苗下塘前 7 ~ 15 天进行清塘，将每

667 平方米 75 ~ 100 千克的生石灰放入小坑中，注水溶化成石灰浆水，将其均匀泼洒全池，三天后加注新水 70 厘米。加水时，做好过滤，防止敌害生物及野杂鱼进入。

施肥

● 用土池养殖时，放鱼前 3 ~ 5 天，鱼苗或鱼种池中施粪肥 3 000 ~ 7 500 千克 / 公顷或绿肥 3 000 ~ 4 500 千克 / 公顷，新挖鱼池应增加施肥量或增施化肥 75 ~ 150 千克 / 公顷，鱼苗下塘时池中饵料生物应保持轮虫在 5 000 ~ 10 000 个 / 升，大型枝角类过多时应用敌百虫杀灭。

● 如遇长期阴雨天气，池中有机肥料分解慢，生物饵料不够丰富时，可以补施化肥，每平方米水面投放硫酸铵或尿素 75 ~ 150 克，过磷酸钙 35 ~ 75 克。

苗种的放养

● **放养时间**　4 月下旬至 5 月上旬。

● **放养密度**　注水 3 ~ 5 天后即可放养鱼苗，起初放养密度为

300 ~ 350 尾 / 平方米，以后根据鱼体长在每次挑选时进行适当调整，分级饲养。锦鲤放养的规格与密度见表 2。

表 2　锦鲤放养的规格与密度

体长规格（厘米）		2 ~ 3	4 ~ 5	6 ~ 7
放养量	水泥池（尾 / 平方米）	160 ~ 180	60 ~ 80	30 ~ 40
	池塘（尾 /667 平方米）	12 000 ~ 1 5000	6 000 ~ 8 000	1 500 ~ 2 000

饵料投喂

1. 水泥池投喂

● 鱼苗出膜 3 ~ 4 天，卵黄囊消失，能平游时，可进行人工喂食。

● 7 天内以投喂轮虫、小型枝角类等天然活饵料为佳，活饵料不足时，可投喂熟蛋黄，每 10 万尾鱼苗投喂 1 个蛋黄，方法是将蛋黄用双层纱布包住在水中揉碎加水后全池泼洒。

● 7 天后，以枝角类、桡足类等天然活饵料为主。

2. 土池投喂

● 每667 平方米水面用2 ~ 3 千克黄豆磨成30 ~ 35千克的豆浆，每天全池泼洒，连续 5 ~ 7 天。如连续阴雨，池水不肥，可多泼几天。也可根据天气、水温、水色、鱼苗生长情况等适当追肥。

● 7 天后，搭配投喂粉状浮性饲料或破碎饲料，人工配合饲料蛋白质含量要求在 40% 以上；20 天后，可直接投喂直径 0.5 毫米的配合饲料；随着苗种的长大，加大配合饲料的粒径。

● 定时、定质、定量、定点投喂，每天宜投喂 3 次，上午、中午、下午各喂 1 次。投喂量以 1 ~ 2 小时吃完为宜，日投喂量为鱼体体重的 8% ~ 10%，并视天气、吃食情况适当调整。

锦鲤苗池的换水

● 鱼苗长至 2 ~ 3 厘米时，每 5 ~ 7 天清污换水 1 次，锦鲤苗的换水也称为脱水，其方法是脱水前先准备好清水，要注意新水与老水的水温及其他条件相近，水温差异在 1 ~ 2 摄氏度，否则锦鲤苗会因温差太大而休克，浮在水面，随后陆续死亡。

● 清水准备好后，盛在备好的容器内，用盆把锦鲤苗带水舀起，将盆口入水倾斜，让锦鲤苗自由游动，动作力求轻而缓慢，直到锦鲤苗全部被换到新水中为止。然后将孵化池下层的污水和沉积物清除掉，进行药物消毒。

日常管理

● **遮阴**　锦鲤苗具有显著的畏光性和集群性，池塘水质需有一定肥度，透明度不宜过大，或在池塘深水处设置面积 5 ~ 10 平方米的遮盖物。

● **分期注水** 锦鲤苗入池前期，水深控制在 40 ~ 60 厘米，有利于提高水温和饵料生物生长繁殖，7 天后，每 2 ~ 4 天注新水 1 次，每次注入 10 ~ 15 厘米，扩大锦鲤鱼苗的生长空间，保持池水“肥、活、爽、嫩”。注新水时应注意水体平直地流入池中，注水时间不能过长，以免鱼苗长时间顶流，消耗体力，影响生长。

● **定时巡塘** 每天早晚各巡塘 1 次，观察水质情况，以确定投饵数量和施肥量，观察鱼的活动和生长情况，发现病害鱼要及时进行治疗和清除。

拉网锻炼

● 拉网锻炼是使鱼适应拉网操作和提高忍耐运输密集及颠簸的能力的重要措施。鱼苗至夏花培育阶段生长迅速，摄食量大，突然受到拉网惊扰和密集缺氧时，鱼体会分泌大量黏液并排出粪便。拉网锻炼一方面可以人为地增加鱼苗的运动量，使鱼体的肌肉更加结实，另一方面可以使鱼苗受到挤压刺激，适应密集环境，能够经受住分塘和运输时的操作，提高运输和放养的成活率。拉网锻炼过程分 2 ~ 3 次进行，逐次加大强度，增强其适应能力。

● 鱼苗培育至全长 2.8 厘米左右时应及时进行拉网锻炼，每次拉网的当日上午应清除池中杂草、污物，饲料在拉网后投喂。

● 第一次拉网应将鱼围入网中，观察鱼的数量及生长情况，密集10 ~ 20秒后立即放回池中。隔天拉第二网，待鱼围入网中密集后赶入网箱中，随后在池中慢慢推动网箱，清除箱内污物，经1 ~ 2小时，若距鱼种培育池较近即可出塘；若需长途运输，尚需再隔一日，待第三网锻炼后（操作同第二网）出塘。拉网操作应仔细、轻柔、缓慢，尤其是鱼体娇嫩的品种，起网时鱼体不可过度密集，计数时应采取带水操作。

出池计数

将鱼苗集中在网箱的一角，提高水面，迅速用定制的水杯量出杯数，利用水杯的鱼苗数量计算出总量。

话题4 锦鲤的成鱼养殖技术

锦鲤苗种的放养

一般在5月下旬到6月下旬，与苗种第二次挑选同时进行，选择体长 5 ~ 8 厘米，品种特征明显的苗种放养，放养前用 5% 的食盐水溶液，浸洗 5 ~ 10 分钟，或 5 ~ 10 毫克 / 升的高锰酸钾溶液，浸洗 5 ~ 10 分钟。

放养密度

● **土池养殖** 土池养殖根据上市等级进行分级饲养，A、B 级锦鲤 3 750 ~ 7 500 尾 / 公顷，C 级锦鲤 12 000 ~ 15 000 尾 / 公顷；另搭配规格为 5 厘米左右的鲢鱼、鳙鱼鱼种 3 000 尾 / 公顷，鲢鱼、鳙鱼之间的比例为 3 : 1。

● **水泥池养殖** 一般水泥池放养密度为 30 尾 / 平方米 ~ 40 尾 / 平方米，随鱼体增长逐步稀养。

饵料的投喂

● 饲料以配合饲料为主。投喂量一般为鱼体体重的 1% ~ 3%。投喂量应根据季节、天气、水质和鱼的摄食情况进行调整。

● 水泥池养殖的日投喂次数以 3 次为宜，9 : 00、12 : 00 和 16 : 00 各一次，土池养殖的日投喂次数以 2 次为宜，9 : 00 和 16 : 00 各一次。

水质管理

锦鲤食量较大，排泄物也较多，水质较易变坏，一定要做好水质调节工作。

● 鱼池水质要清爽，需坚持清污和定期换水。每天巡池时应及时捞出剩饵残渣，保持水面清洁，水面上不能有漂浮物和污染物。

● 夏季水温高，每隔 5 ~ 7 天换水 1 次，春、秋季每隔 10 ~ 15 天换水 1 次，每次换掉池水总量的 1/4 ~ 1/3，并注意换水温差不要超过 2 摄氏度。要保持池水的透明度在 30 ~ 40 厘米。

● 要适时增氧，经常保持池水中溶氧量在 5 毫克 / 升以上，才能使锦鲤保持旺盛的摄食状态和较快的生长速度。为改善水质和消毒防病，应每月泼洒生石灰 1 次，每次使池水生石灰含量在 30 毫克 / 升。

日常管理

● 坚持每天早、中、晚各巡塘一次，观察水质的变化、鱼的活动和摄食情况，及时调整投喂量，加注新水。

● 经常排污或清除池内杂物，保持池内清洁。

● 阴雨天、晴天中午及时开启增氧机。

生石灰

● 抽样检查，捕捞时操作应轻柔。

● 发现死鱼、病鱼及时捞出掩埋。

各季节管理方法

● **春季管理**　春季管理的重点是适量投饵和防病治病。春天气候转暖，经历越冬后的观赏鱼开始活跃，但体质相对虚弱，投饵量应逐渐增加，一定要给鱼投喂容易消化的饵料。由于气候变化较大，遇到刮风下雨时要特别注意保温。春季细菌病毒繁殖也迅速，鱼病最易流行。拉网捞鱼易碰伤鱼体，必须注意防病、治病。

● **夏季管理**　就锦鲤而言，水温达到 13 摄氏度时夏季就开始了。水温达到 19 ~ 24 摄氏度时锦鲤最为活跃，摄食量大。此时锦鲤生长速度优于其他季节，适宜投喂高蛋白饵料。但此时对氧气需求量也明显增大，防止水体缺氧已成为饲养的关键。要适当降低放养密度，勤换水排污，注意充氧，尤其是闷热、暴雨将临的天气。注意防暑降温，用竹帘等遮盖 1/3 ~ 1/2 的水面，以防强烈的阳光照射使鱼褪色及“烫尾”事故发生。

● **秋季管理**　初秋时节水温开始下降，但鱼此时进食情况依然良好。这时随着太阳光线的减弱，鱼的颜色最美丽。其管理重点是要喂足喂饱，适当增加饵料中脂肪和蛋白质等营养成分的比例。到深秋季节天气渐凉，投饵应逐渐减少。同时易暴发烂鳃病、白点病、肤霉病等，因而需预防鱼病。

● **冬季管理** 冬季管理重点是防寒保温，适当投饵。温室用加热设备，使水温一般不低于20摄氏度。或利用工厂余热等维持适当的水温进行正常的养殖及繁殖。严防水温骤降（特别是夜间）致鱼患病或被冻伤冻死。

锦鲤的运输

● 为了提高锦鲤在运输途中的成活率，运输前要做好周密的准备工作。长距离运输要选择好适宜的时间、路线、措施和方法，做好人员分工，同时与运输部门联系；备好运输工具并进行试用；了解天气情况，遇到大风暴雨等天气应停止起运。运输前对鱼进行拉网锻炼并停止喂食，夏季水温高时停喂3天，冬季水温较低至少停喂5天。

● 远途运输一般是采用双层聚乙烯塑料袋，塑料袋大小一般为130厘米×45厘米。袋中加入池水1/4～1/3，充氧2/3～3/4，一袋一箱，装箱运输。根据鱼体规格，每袋装运数量见表3。

表3 锦鲤每袋装运数量

规格（厘米）	数量（尾）	规格（厘米）	数量（尾）
< 20	40～50	40～50	2～3
20～30	25～30	50～60	1～2
30～40	10～15	> 60	1

● 短途运输可采用水箱运输，用塑料水箱或帆布桶等容器盛水2/3，此箱里的水也是养殖池的水，氧气由氧气筒供应，在箱底部由一个特制的氧气喷头喷进箱里水中。根据鱼体规格，1 立方米水体装运数量见表 4 。

表 4　锦鲤每立方米水体装运量

规格（厘米）	数量（尾）	规格（厘米）	数量（尾）
< 20	200 ~ 400	40 ~ 60	10 ~ 40
20 ~ 40	40 ~ 100	> 60	3 ~ 5

● 锦鲤在夏季能忍受 24 小时的长途运输，而在冬季可忍受大约 2 天 2 夜的运输。夏季运输袋中水温可能高于新池塘的水温，在这种情况下，应将整个袋子连同锦鲤一块在新池塘中放置一会儿，袋中水温接近池水水温时，解开袋口将锦鲤放入新塘。通常这个过程需 30 分钟。

● 在用箱式装置运输锦鲤时，氧气由氧压机供给，到达目的地后，减压过程中将会从周围吸收热量，这样会导致水温下降，可将新塘中的水一点点加入运输箱，直到水温一致时，再把锦鲤放入新塘。

第三讲　温室、大棚养殖金鱼

话题 1　金鱼的主要养殖品种、生活习性和质量鉴赏

金鱼的外部形态

金鱼的外部形态与鲫鱼有极大不同，几乎每个性状都发生了变异。金鱼外部形态的变异与其生态条件的改变有关。因为野生鲫鱼生长在天然水域，受环境因素的影响，以及需要主动觅食、逃避敌害等，这些都要以最快的游泳速度来适应，从而达到生存的目的，故天然水域中的鲫鱼形体细长而侧扁，利于快速游动。家化了的金鱼则是在盆、缸等容器内进行小面积的饲养，环境稳定，又有人们投以足够的饵料，不需要依靠快速游动来觅食和逃避敌害，久而久之，就使金鱼的体态发生了一系列的变异，再加上经过人工有意的培养和选种，如此代代相传，才有今天如此美丽而众多的金鱼品种。其体态变异包括体形、侧线、体色、头型、眼、鼻、鳃盖、鳍形和鳞片等变异。现分述如下：

1. 体形的变异

● 野生的鲫鱼体形细长而侧扁，草金鱼的体形即属此类型。而其他类型的金鱼，体形变化很大，且常因品种而异。

● 总的说表现在躯干的缩短，整个躯干多为椭圆形或纺锤形。有的腹部显得特别膨大而肥圆，甚至成为球形，尾柄陡然细小且短，如蛋种类型的虎头，文种类型的珍珠鱼，龙种类型的五花龙睛、绒球龙睛等。

2. 侧线的变异

● 由于体形变异，侧线也呈弯曲状，先向下，再向上，在尾柄处又向下，而后趋于平直。

● 这种波浪形的弯曲，与体形的缩短是一致的，体形变异越大，身体越短，侧线的弯曲度越明显。

3. 体色的变异

● 金鱼的颜色主要是由真皮层中的色素细胞形成的。

● 金鱼的颜色成分只有 3 种：黑色色素细胞、橙黄色色素细胞和淡蓝色的反光组织。所有这些成分都存在于野生鲫鱼中。

● 家养金鱼鲜艳多变的体色，只不过是这 3 种成分的重新组合分布，强度、密度的变化，由其中一个、两个或三个成分形成。这些颜色的形成与其生长的环境和所食饵料的成分有关，在不同的饲养管理条件下，环境不同，其鳞片中所含颜色成分就有数量上的变化。

4. 头型的变异

我国各地饲养者把头型分为虎头、狮头、鹅头、高头、帽子和蛤蟆头。在这些头型中，有的是同一类型，在各地有不同的名称。如北京饲养者称为虎头的，在南方称为狮头；在北京称为帽子的，在南方称为高头或鹅头。在这里根据陈桢教授的命名，把头型区分为平头、鹅头和狮头3种类型，金鱼头部类型如图12所示。

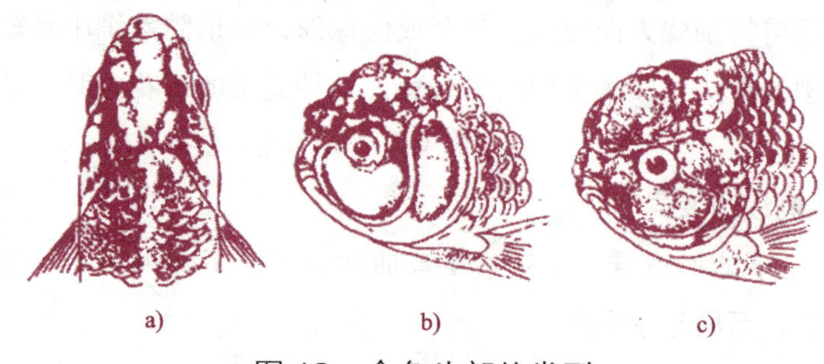

a)　　b)　　c)

图12　金鱼头部的类型

a）平头形　b）鹅头形　c）狮头形

● **平头形**　其头部皮肤是薄而平滑的，不生长肉瘤，头部较小，略呈三角形，头部长度与身体全长之比，约为1∶5，称为平头形。有窄平头和宽平头之分。

● **鹅头形**　头部较大，略呈长方形，头顶上的肉瘤厚厚凸起，而两侧鳃盖上则是薄而平滑的。

● **狮头形**　头部大而圆，头顶和两侧鳃盖上的肉瘤都厚厚凸起，发达时甚至能把眼睛遮住。

5. 眼的变异

金鱼的眼变异很大，除草金鱼等为正常眼之外，其他的可因品种不同而分为龙睛眼形、望天眼形、水泡眼形和蛤蟆头眼形（又称蛙眼、小水泡眼）4 种。

● 龙睛眼的眼球很像算盘珠，凸出于眼眶之外，显得特别大。

● 望天眼的眼球也膨大凸出，且向上翻转 90°，直朝天空，故名望天眼。

● 水泡眼眼球正常，眼眶中充满液体，形成半透明泡状，外凸于头的两侧，很像戴着两个气球。

● 蛤蟆头眼形似蛙，眼球正常，只是眼眶中的半透明液体较少，形成的凸起小于水泡眼，又称小水泡眼。

6. 鼻的变异

● 金鱼的鼻孔位于眼的前上方，左右各一。

● 绒球品种的金鱼就是其鼻隔膜变异得特别发达，形成一束肉质小叶凸出于鼻孔之外，很像两个绒质的花球，故名绒球。有的呈 4 球，更耐观赏，如四球龙睛、朱球墨龙睛和朱球紫高头。

7. 鳃盖的变异

金鱼正常的鳃盖是能闭合的，可以起到保护鳃的作用。变异鳃盖的鳃盖骨游离在后缘由内向外翻转，使部分鳃丝裸露于鳃盖之外，故称为翻鳃。

8. 鳍形的变异

金鱼各鳍的形状，除草金鱼外其他品种均有较大的变异，如由单鳍变为双鳍，短鳍变为长鳍等，主要表现在背鳍、臀鳍和尾鳍的变异上，现分述如下：

● **背鳍**　金鱼的背鳍位于背部中央，分正常背鳍和无背鳍两种类型。有正常背鳍的金鱼，鳍的前缘部分比鲫鱼和草金鱼伸长很多，背鳍显得较高，鳍式为 3 和 15 ～ 18，3 为不分枝鳍条，且最后一根为硬刺，后缘为锯齿状；15 ～ 18 为分枝鳍条数目可能变动的幅度。无背鳍的金鱼，从发育角度来说也属畸形，但经人工一代代地选育，已被认为是优良性状，称为蛋种类型。

● **胸鳍**　紧挨在鳃孔的后面，鳍式为 1 和 14 ～ 17。其鳍条数依品种而有差别，以草金鱼为最多，蛋种鱼最少。其形状也因品种而异，蛋种鱼的胸鳍稍短而圆。其他品种的金鱼，胸鳍多呈三角形，长而尖。同一品种的金鱼，一般是雄鱼的胸鳍比雌鱼要长且稍尖。

● **腹鳍**　腹位，多在腹面的底部，鳍式为 1 和 8。其长短依品种不同而稍有差异。

● **臀鳍**　位于肛门之后，鳍式为 3 和 5，最后一根不分枝鳍条为锯齿状的硬刺。在鲤科鱼类中，几乎都是单臀鳍，而金鱼的臀鳍除少数品种为单臀鳍外，大多数品种具有双臀鳍，且被认为是金鱼品种特征的优良性状。

● **尾鳍**　金鱼的尾鳍变异突出，位于尾柄的后端，有鳍条 36 根左右。有单尾鳍、双尾鳍和长尾鳍、短尾鳍之分。草金鱼就是单尾鳍。双尾鳍中两背叶相连、两腹叶分离的称“三尾”；两背叶部分分离或完全分离，以及两腹叶也分离的称“四尾”。依其形态来分，还有扇尾和蝶尾等，金鱼尾鳍的类型如图 13 所示。

9.　鳞片的变异

金鱼的鳞片有正常鳞、透明鳞和珍珠鳞 3 种。

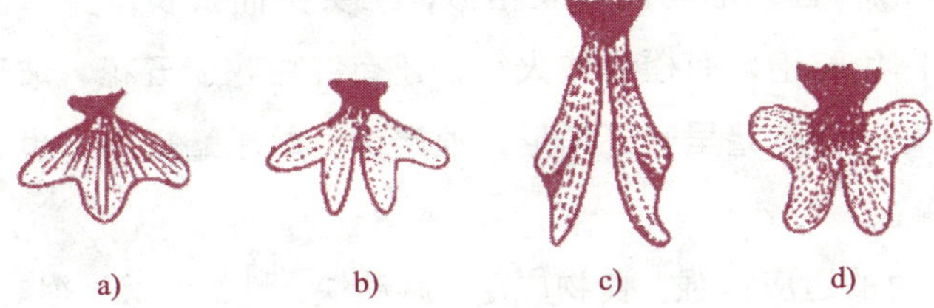

图 13 金鱼尾鳍的类型

a）三尾 b）四尾 c）扇尾 d）蝶尾

● 珍珠鳞就是鳞片的变异形。分布于全身，其边缘色深而中央色浅，且外凸，很像是镶嵌的一颗颗珍珠。

● 透明鳞中没有反光质和色素细胞，看上去像一片透光的塑料片。

● 正常鳞中有反光质和色素细胞，故有各种颜色。

金鱼的主要养殖品种

金鱼起源于中国，由野生鲫鱼演变而来，经过长期的人工培育，金鱼品种逐渐增多，目前我国金鱼现存的品种有 330 多种。按照四分法来分，可把金鱼分为四个品系：草种、文种、龙种和蛋种，每个品系都有几十个甚至上百个品种。

1. 草种金鱼

● 草种金鱼是最原始的一种金鱼，其代表品种为草金鱼。

● 体形和各鳍形均同鲫鱼相似，鱼头尖而狭长，身体侧扁，呈纺锤形。体色鲜艳，有橙红或火红，还有红白花、五花、玻璃花和五彩等。有背鳍，胸鳍呈长三角形，顶端尖。单尾鳍短小，也有成双的臀鳍和尾鳍。

● 该鱼的适应性强，食物广泛，游动快，性格活泼，很容易饲养。

2. 文种金鱼

● 文种金鱼的体形短，腹圆，眼小，眼球与眼眶平，不凸于眼眶外。头部平而窄，头嘴尖，背鳍发达，尾鳍延伸而长，多为四叶分叉或更多，犹如“文”字，故称文种金鱼。体色多为红、红白、紫、蓝、黄、五色杂斑等。

● 帽子（南方称为“高头”）和珍珠是其代表鱼种。

3. 龙种金鱼

● 龙种金鱼又称龙睛，是金鱼家族中的代表鱼种，被视为金鱼种群的正宗，誉为金鱼的总代表。

● 其主要特征是体形粗短呈圆桶状，头平而宽，四开大尾鳍，鳞圆而大，臀鳍和尾鳍都成双而伸长，胸鳍呈三角形，背鳍高耸，眼球膨大突出眼眶之外，似龙眼，故得名龙睛。

4. 蛋种金鱼

● 蛋种金鱼头部钝圆，身体短而肥，呈卵圆形，眼平直，不凸出，背部平滑如弓。

● 多数品种无背鳍，尾鳍四叶，或短小或发达，代表品种如虎头金鱼（原始品种）、绒球金鱼和水泡眼金鱼等，其尾鳍短小而略圆；

又如丹凤金鱼、红头金鱼和翻鳃金鱼等品种，其尾鳍较长大；大尾虎头金鱼，其尾鳍长度远远超过虎头金鱼的尾长，大尾虎头金鱼的尾鳍长度可超过其体长。

● 蛋种金鱼生长速度快，生命力比龙种、文种金鱼更强。

主要养殖金鱼品种的特征

1. 蝶尾金鱼

● 蝶尾金鱼是龙睛金鱼中的最佳品种。它以尾大如蝴蝶展翅而得名，最适合向下俯视观赏。

● 双眼对称、体形匀称、色彩艳丽、尾展好，游姿飘逸的蝶尾才是好蝶尾。

● 蝶尾金鱼要两眼间距适中、对称、大小一致。体形要左右对称，头部要宽，骨架较大。身上的鳞片要排列整齐、匀称。平背长身的蝶尾价值低一些；平直短身的蝶尾价值略高；短身高背、体形短圆肥硕，背部凸起明显如高背琉金，侧线以上一般有 6 ~ 7 道鳞的蝶尾价值高。

● 尾鳍宽大，如蝴蝶双翅，呈“大”字铺开，一般应该为双叶、四尾（扇尾例外）。好的蝶尾金鱼，即便在水中悬停时，尾鳍也必须大而不坠，能很完整地打开。鱼的尾柄尾座最好呈半圆形展开。蝶尾的尾柄要长短适中并且粗壮。

蝶尾金鱼

2. 兰寿

● 兰寿是蛋种虎头金鱼中的佼佼者。一般体长10 ~ 15厘米，头大腹圆，尾鳍短小。背部光滑微弓呈弧线形，头部肉瘤特别发达，肉瘤由数十个条状或圆状小肉瘤组成，主要分布在头盖、眼下、吻端以及鳃盖，肉瘤排列紧密，非常厚实。尾筒粗而略短，顺着颈、背、腰、尾筒连成线条平顺的弧形，衔接着呈90° 翘起的尾鳍，形成优美的背部线条。

● 兰寿是短鳍金鱼，各鳍完整、舒展、无卷折，长短要适中，形状端正。胸鳍不应弯曲，弯曲者为次品。臀鳍有单臀鳍和双臀鳍之分，也有完全无臀鳍的。尾鳍对称、端正、大小适中、夹角合理，张力强健，尾鳍亲骨要有弹性，尾柄柔软适中。尾鳍有三尾（尾蕊相连无开岔）、樱尾（尾蕊相连到末端处有小开岔，像樱花的花瓣）、四尾（尾蕊开岔较深，使尾鳍成为四片）之分，只要尾形端正，都可称为佳品。

● 正常的尾蕊俯视呈直线，不应向一边倾倒，尾鳍末端不能参差不齐。尾鳍张开端正，左右尾肩高低一致，尾鳍不能有褶痕。尾蕊开岔不可过深，尾鳍不能有波浪形皱折，左右尾鳍应对称。

● 日本兰寿呈蛋形、无背鳍、短尾、头和双颊肉瘤发达，绝大多数是全红或红白。中国兰寿色彩丰富，除全红与红白外，另有红黑、红花、青花、全黑、丹顶等优良品种。日本兰寿的尾形可以整个撑开，而中国兰寿的尾形看上去较收缩。

3. 朝天龙

● 也称“望天儿”。它最突出的特点是眼凸出后旋转90° ，使瞳孔朝天生长。体形较瘦长，尾鳍双叶，平整展开，以尾短为正宗。鼻孔膜有的发达（带绒球）有的不发达，颜色有红、黄、白、红白和五花等多种。较名贵的是朝天龙水泡、红望天鱼、蓝望天鱼、凤尾望天鱼、绒球望天鱼和望天球等。

● 眼球大，两眼朝向正上方，且左右对称，尾鳍四叶发达者为佳品，若眼球向前或向后倾斜，或左右斜下，或单眼朝天者，或眼圈不亮者均为次品。

4. 水泡眼

● 也称水泡儿。这种鱼的眼眶下部生有一个半透明的泡，泡内充满体液，这样两个水泡托着两个眼圈，非常有趣。泡体大小与体长（不包括尾鳍）的比例达到 1∶1 时，最具观赏性。当水质变差时，眼泡内液体会混浊变色。尾鳍分小尾、大尾，尾鳍四叶、发达端正者为佳品。

● 色泽多样。变异品种繁多，水泡金鱼绝大部分属丁蛋种，但也有部分生有背鳍，称为扯旗水泡。水泡柔软而半透明，两水泡长度与体长几乎相等，体形较短，游动正常无倾斜现象的金鱼为上品。

5. 龙睛

● 眼球形状有算盘珠眼（扁荸荠）、苹果眼、牛犄角眼等。算盘珠眼较平扁，眼端部和根部等大，像算盘珠，为上品；苹果眼，凸起比算盘珠眼高且眼中部略膨大，形如苹果，为中上品；牛犄角眼，外凸明显，但眼根部到端部逐渐变尖，形如牛犄角状，为下品。若是两眼大小不一，位置不对称，即使其他性状再好，也不算是好龙睛。

● 鱼身要短而肥，体形匀称，尾鳍长宽舒展并且周正的为上品。尾鳍分四叶、发达而左右对称者为佳品。

6. 虎头（狮头）

● 体形粗肥略长，吻齐平，背部弓形光滑，肉瘤的发育过程较慢，刚孵化的幼鱼看不出肉瘤，通常在孵化后数月才生出肉瘤，并随年龄的增长而发育，充分长成需要 1 ~ 2 年。

● 最为名贵的虎头是头顶上肉瘤增厚，皱褶中隐约可见王字凹纹，更显得威武雄壮。肉瘤特征会遗传给下一代。

● 虎头分为文种虎头与蛋种虎头两类。前者身体呈斜卵形，背鳍发达，尾鳍长而薄大;后者又称“寿星头”，身材短粗呈椭圆形，眼小，头部肉瘤厚实包鳃，尾、腹鳍短小平展，脊背平滑无鳍。

7. 鹅头（帽子）

● 鹅头（帽子）头部肉瘤发达呈方块形，背鳍发达，尾鳍四叶、发达端正者为佳品。

● 鹅头（帽子）和虎头（狮头）都有肉瘤，统称为高头。有时不易区分，但虎头的肉瘤比鹅头更加丰满。头部肉瘤丰满并包裹两颊和眼睛，由数十个条块状小软质肉瘤组成，外观膨大丰富的，为虎头；头部肉瘤仅限于头顶，鳃面部清晰的，为鹅头（帽子）。

8. 鹅头红（红头虎头）

鹅头红金鱼头部稍尖，头顶红色，肉斑略有隆起，体色洁白如雪，互相映衬，与鹤顶红难分伯仲。

9. 菊花头

菊花头来源于虎头（狮头），是头部造型奇特的一个品种，其头部肉瘤丰厚隆起，两鳃肌肉丰满匀称，与狮头的唯一区别是头顶肉瘤分成无数条条状肌肉，俯视其造型恰似一朵含笑开放的菊花，由此得名。菊花头百里挑一，更加珍贵。

10. 鹤顶红

- 又称为红头帽子、红顶白高头。
- 体为银白色，各鳍为银白色，唯头顶有鲜红肉瘤，似丹顶鹤而得名，其头顶上的红色肉瘤要方正厚实，而且只能长在头顶，并不伸向两颊，眼睛周围有红圈，身躯宽短，呈银白色，而且没有杂色斑块。
- 背鳍高大如帆，尾长似裙。

11. 绒球

- 也称为绣球，有单绒球、双绒球、三绒球和四绒球之分，四绒球为佳。绒球鱼体色有红、红白、蓝、紫、青、花斑、五花和透明等多种。全红或全黑一色的为上品，尾鳍四叶且端正者为佳品。
- 蛋种绒球鱼无背鳍，体躯短圆，尾鳍短小较硬，体光滑呈卵圆形。无论是什么品种，均以肉质球个大、肉茎细长，结实、圆润、紧贴鼻孔且左右对称、大小一致为佳。

12. 珍珠

- 又称为珍珠鳞，所有鳞片中央凸起，边缘凹陷，且排列整齐，看似珍珠，故而得名。腹部的珍珠状鳞最明显，鼓胀饱满。
- 有球形、橄榄形两类。头、嘴尖，尾柄细，体短胖，腹圆向两边凸出，端肩膀、细尾根。鳞全无残，鳞片凸起感强，排列整齐，清晰饱满，色艳尾大，体圆、腹凸如球，背鳍完整发达，尾鳍四叶且发达端正者为上品。

13. 翻鳃鱼

● 以鳃盖翻转的程度左右一致为佳。头略尖，尾、腹鳍面宽大，文种、龙种、蛋种均有翻鳃品种。

● 翻鳃品种的鱼要求左右两个鳃盖后缘向外翻转，鳃丝裸露明显的为佳，否则应列为淘汰品。

14. 琉金

● 脊椎拱起，略呈三角形，头与背部形成一个近似 145° 的夹角，形成独特的形态。高身、峰背、尖头、短尾恰似菱形。背鳍挺拔，鳍长，尾有樱花尾、四尾和三尾之分，左右对称。

● 有各种颜色，其中红白品种尤为抢眼。

15. 丹凤

● 蛋种鱼的一个品种，体椭圆，无背鳍，头、嘴小而尖圆，眼小而有神，尾、腹鳍特别长大，游动时似凤凰甩尾。

● 常见色彩有红、白、蓝、紫、古铜和五花等。较为名贵的有丹凤绒球、红丹凤球、五花丹凤球、紫丹凤球和红头丹凤等。

16. 蛤蟆头

● 也称为硬泡。水泡可分为软泡、硬泡。硬泡泡形很小，头部状如蛤蟆的头部，又名蛤蟆头，也称蛙头鱼。口阔，头宽而短平，呈三角形。特征为眼小，下部眼皮稍向外张，眼球向上，平视外凸，使双眼表面向下倾斜。

● 原种无背鳍，属龙背种，变异品种有扯旗五花蛙头（有背鳍）、五彩蛤蟆头、朱砂眼蛤蟆头、红蛤蟆头和蛤蟆头翻鳃等。

● 由于硬泡的观赏效果欠佳，市场青睐度不高。只要左右对称即不失为佳品。

金鱼的挑选

金鱼的品种既多又杂，品质也有优有劣，好的金鱼品种需要具备一些条件。一般来说，在同一品种中不同个体金鱼的好坏主要是根据该品种特征，仔细观看鱼体各个部位是否匀称，色泽是否鲜艳明亮，各鳍是否端正挺拔、硬度适中，游姿是否平稳。

● **是否健壮**　消瘦表示营养不良，要挑肥壮、腹部鼓起的，如果鱼在游动，只晃脑袋不动身子，有可能是疲倦的表现，还可能患有鱼瘦病，不能要。

● **是否合群**　凡是离群独游的就是有病、不健康的，色彩再好也不能要。只能从群落里挑选，要从群落里挑选那些一边找饵一边贴池底游动的鱼，那样的鱼是健康的。

● **首尾匀称**　有的鱼尾不平，尾巴歪长，这种鱼不能要。龙睛、水泡眼是以眼的特征命名的，但如果它的眼球一大一小，就不符合标准。绒球金鱼的绒球必须对称，如果发现绒球损坏，其他方面再好也

这条鱼颜色不艳，快淘汰了！

不能要，因为绒球损坏后，不能再生。

● **色泽纯正**　金鱼的颜色缤纷，鲜艳夺目，挑选要注意黑色的不能要灰色的或黑灰色的品种；绯红色的不能要红黄或黄色的品种。有的红色鱼像胡萝卜色，最不理想。有的鱼体呈现半红色半黑色，或是身红而鳍叶边缘黑，看起很美，其实不美，因为时间不久就会变成全红色的，要有预见地进行选择。

● **有无破鳍、掉鳞**　金鱼在捞出、捞进过程中，鳍条易折、鳍叶易裂，腹部两侧的鳞片也易擦落。红色或黑色的鱼，掉鳞后，鱼体会露出表皮的灰白色，极易看出。挑选时要注意看鳍是否有残缺、腐烂或撕裂，鳞片是否完整无损。

● **尾鳍选择**　凡是四开大尾的品种，金鱼的尾鳍背中间都应当裂开，形成两片双下垂的四开尾，游动时极其美观。如果尾鳍鳍背中间没有裂开，而像三尾前头型，就是劣品。

● **鱼体表上是否有寄生虫**　大的寄生虫一眼就能看出，要仔细查看是否有细小的寄生虫幼体（如鱼虱），是否有白斑霉点（水霉病）、白点（小瓜虫）以及灰尘状的白膜（口丝虫病）。

优质金鱼质量标准

1. 形态特征方面的标准

金鱼的品种特征越明显，个体也越名贵。古人评选优质金鱼所说的“身粗而匀，尾大而正，睛齐而称，体正而圆，口闭而阔”五条标准就概括得十分准确。

● 龙睛金鱼是中国金鱼的传统品种，要求眼球膨大，凸出眼眶外，两眼大小一致，左右对称，以眼球呈算盘珠的个体最佳。

● 文种金鱼讲究尾鳍要长，其长能超过躯干的长度最为理想。

● 蛋种金鱼要求背部光滑平坦，无残鳍，无结疤，尤以背部呈流线型弯曲，呈梳子背的个体为最佳。

● 狮头金鱼，要求头部肉瘤丰满厚实，包裹两颊。

● 绒球金鱼，要求肉茎细长，球体致密而圆大，左右对称而紧贴鼻孔者为最佳，若出现单球、三球或球小者，都不能称为佳品。

● 水泡金鱼，要求两个水泡左右对称，泡大柔软而半透明，无任何倾斜现象者为佳，鱼体以身圆尾大者为好。

● 望天眼金鱼，要求两眼球膨大突出而左右对称，眼球向上翻转90°，两眼球位于一条水平线上，若眼球向前倾斜或左右斜下，均不佳。

● 珍珠鳞金鱼，要求腹圆尾大，鳞片齐全，粒粒清晰饱满，排列整齐。

总而言之，要求体态端正，形态、身型匀称，鱼的尾鳍、腹鳍、胸鳍和臀鳍都要求对称，各鳍的长短均应符合品种要求，应长则长，该短则短。尾鳍四尾者比三尾者好，短尾鳍要求尾柄色深，越近末端越薄，色也渐渐变浅；长尾鳍要求色浅，薄而透明，好似蝉翼；蝶尾要求尾鳍边缘挺括，整个尾鳍像一把打开的扇子。背鳍以长而高、挺拔竖直为佳品，其他各鳍应刚柔适度，能充分伸展。

2. 色泽方面的标准

● 通体要求色彩浓艳鲜明为佳，单色鱼要求色纯无瑕斑，红色鱼要从头至尾全身红似火，黑色鱼要乌黑泛光，永不褪色，紫色鱼要色泽深紫，体色稳定，遍体金光。

● 双色鱼要求色块相间而不乱，图案醒目。

● 五花鱼要求蓝色为底，五花齐全。

● 鹤顶红要求全身银白，头顶肉瘤端正鲜红。

● 红头鱼红色不能超过鳃盖。

● 玉印顶要求全身鲜红，头顶肉瘤银白端正如玉石镶嵌。

3. 动态方面的标准

要求体态端庄，游动时，姿态轻柔飘逸，尾鳍轻摇，起落游动稳重平直，不能歪扭一侧；静止时尾鳍下垂，身体平衡，不能倒悬或侧仰，这是金鱼的动态美和静态美。

金鱼的食性

● 金鱼属于杂食性动物，水中的藻类、水草、浮萍、植物种子、米饭粒和面包屑等植物性饵料，以及浮游动物、水蚯蚓、昆虫、鱼虾、碎肉、鱼粉和动物内脏等动物性饵料，都是金鱼的食物。

● 金鱼上、下颌内没有牙齿，但在咽喉部的咽骨上生有齿，称为咽喉齿，可与基枕骨下方的咽磨配合，压碎切断或磨细比较坚硬的食物，如植物种子和大型浮游动物的外壳等。金鱼的鳃耙大而阔，当它从外界摄取食物时，和食物一起进入口腔的水，便可经过鳃耙由鳃孔排出体外，而食物则被鳃耙过滤下来，经咽喉齿磨碎，送入肠管被消化吸收。植物性食物有较丰富的纤维素，需在肠管中停留较长的时间才能被消化，所以金鱼的肠管较长。

● 仔鱼与成年金鱼具有不同的食性，饲养金鱼需要在合适的时候喂食合适的食物，才能保证金鱼正常的发育生长。

1. 仔鱼阶段

● 金鱼是卵生动物，仔鱼刚从卵中孵化出来之后，是不能吃食物的，金鱼在腹部有一个大的卵黄囊，在孵出的 2 ~ 3 天内，是依靠卵黄囊中的营养来生存的。当卵黄囊中的营养耗尽后，金鱼仔鱼就不得不从外界环境中获取食物，这就开始了金鱼一生的摄食活动。

● 仔鱼与成年金鱼不同，由于没有成熟的消化器官，需要吃比较小的浮游生物，如轮虫、草履虫等，稍大一点的仔鱼可以喂食红虫，如枝角类、桡足类等，人工饲养情况下也可以用鸡蛋或鸭蛋的蛋黄碎屑代替。仔鱼阶段的喂食直接影响到将来能否得到上等的金鱼苗种。

2. 鱼苗阶段

● 稍大一点的金鱼就可以投喂水蚤、蚯蚓（水蚯蚓）、螺肉、虾肉或其他动物的内脏碎末等动物性饵料。

● 植物性饵料有浮游藻类（金藻、黄藻、绿藻、甲藻、硅藻和蓝藻），当这些藻类聚集成团时就可以被金鱼捕食到。

● 蔬菜类食物，如菠菜、白菜、莴笋的叶子，胡萝卜丁、甘薯丁等，一般在金鱼饿的时候投喂比较有效果，蔬菜应保证没有农药污染，以免中毒。

3. 成鱼阶段

● 成年金鱼主要摄食体积较大的饵料，饵料范围十分广泛。人工配合饲料的出现给金鱼饲养开辟了丰富的饵料资源。一般来说，人工配合饲料，动物蛋白含量 40% 以上（鱼粉、蚕蛹粉等）、豆粕粉 20%、玉米粉 10%、面粉麦麸 30% 以及一些微量元素，在营养方面基本可以满足 5 厘米以上金鱼的需要。

● 饵料质量的好坏和投饵得法与否，对金鱼的成活率和能否培育出上等的优质金鱼起着至关重要的作用。

金鱼的生活习性

● 金鱼是变温动物，体温可随水温而变化，但其体温不可能无休止地随水温任意变化。过冷或过热的天气，均影响金鱼的生长发育。金鱼的最佳生活环境温度为 22 ~ 24 摄氏度，又称生长最适温度。金鱼在最适温度下，索饵极为旺盛，生长速度最快，排泄物、耗氧量也最多，其生理要求最高。在实际饲养中，这一时期采用兑水或 3 天换一次水的方法，使金鱼始终保持在水清、氧足的最佳求饵状态。

● 金鱼在 15 ~ 18 摄氏度的水温中，索饵适中，活动正常，水质保质期最长，是金鱼较易管理的阶段。

● 金鱼的性格非常温和，从不争食，更不会发生大金鱼追袭小金鱼的现象。除了繁殖季节外，各种形状与各种色泽的金鱼都可混养在一起。

话题 2 金鱼的人工繁殖技术

雌雄亲鱼的鉴别

在繁殖季节主要依据第二性征来鉴别金鱼的雌雄，平时则主要依据形态、游姿等来鉴别。

● **体形** 雄性金鱼一般体形细长，雌性金鱼体短而圆。在性成熟季节，雌鱼腹部较膨大而突出，雄鱼腹部突出不明显。即使是同一品种，体长相同的观赏鱼，其雌雄体形也有差别。从背面观察，雄鱼尾柄粗，腹部不凸出；雌鱼尾柄细，腹部凸出。以腹部的轮廓来区别雌雄，这一点特别在繁殖季节具有一定的准确性。

● **体色** 同品种、同大小和同年龄的金鱼，雌雄体色有一定的差异。雄鱼体色较鲜艳，且色较深，在繁殖季节尤为明显；而雌鱼色泽较淡，如鹤顶红、元宝红和红头等。当鱼到秋季，多数雄鱼的鳃盖下或尾鳍上稍带淡黄色，而雌鱼则为纯白色。

● **鳍** 同品种、同大小和同年龄的金鱼中，鳍的差别是：雄鱼的尾鳍、胸鳍、背鳍都稍长，而雌鱼的诸鳍稍短。随年聆的增长这种差异日益显著。如龙睛、蝶尾墨龙睛雄鱼胸鳍硬刺略弯曲，而雌鱼的胸鳍硬刺则平直。

● **追星** 在繁殖季节用追星鉴别雌雄比较可靠。雄鱼的鳃盖上、胸鳍的硬刺上出现一颗颗乳白色锥形小突起，称为追星，肉眼可见，有时背鳍、臀鳍上也会出现，但以胸鳍最为普遍，用手摸有粗糙感。追星是表皮角质化的结构，是雄鱼的副性征，雌鱼一般没有追星。极个别年龄大的雌金鱼有时也出现少量追星。

● **游泳姿态** 雄性金鱼胸鳍较长，因此游泳速度比雌鱼快，对外界刺激的反应相对来说要敏锐一些。在繁殖季节游泳活泼，主动追逐雌鱼。

● **腹部的硬度** 在非生殖季节里，用手轻压雌鱼的腹部，有柔软感；雄鱼的腹部是硬的。在繁殖季节里，雌鱼的泄殖孔周围的腹部十分松软，雄鱼的腹部则仍然是硬的，轻压有精液流出。

● **泄殖孔** 观察泄殖孔的形状来鉴别金鱼的雌雄是最可靠的办法，并适用于任何季节。用左手抓住金鱼，使其腹部朝上，用右手拨开腹鳍，拨掉粪便，可见雄鱼的泄殖孔小而狭长，如针状；雌鱼的泄殖孔大而圆。从侧面看，雄鱼的泄殖孔向里凹或是平的，而雌鱼的泄殖孔是凸的，年龄越大越明显。

看到我的“追星”了吧，这说明我是雄鱼。

亲鱼的选择

● 只有优质的亲鱼才能保证优质的苗种供应。首先，亲鱼要发育良好，体质健壮无病，鳞片完整无损，活动反应敏捷；色泽艳丽，特征明显；体态匀称，形态端正，游姿平稳；尾鳍长大。其次，要根据各品种所特有的特征选择，且特征明显突出。另外，对水泡、狮头等头部较大的金鱼，还要注意选留尾鳍较长的个体做亲鱼，以免后代出现头重尾轻、前后失去平衡的缺陷。

● 对于亲鱼年龄的选择，在我国北方地区，一般以 2 ~ 4 龄金鱼作为亲鱼。体长 14 ~ 15 厘米、重 75 克的 3 龄金鱼怀卵量为 7 万 ~ 8 万粒。如果饲养管理得好，生长发育快，全长 10 ~ 15 厘米的 1 龄鱼也可做亲鱼，其受精率和孵化率都高，成色也好，残次品少。而南方多用 1 ~ 2 龄金鱼做亲鱼，4 龄以上的大鱼，由于怀卵量与卵质均较差，孵化率低，一般不留做亲鱼。性成熟除了鱼龄上的要求外，在体态上要求饱满丰腴，雌性金鱼卵巢轮廓明显可见。过肥或过瘦的亲鱼均不宜留做亲鱼。

亲鱼的培育

● 亲鱼培育是人工繁殖的基础和关键，亲鱼越冬后食欲锐减，体力较弱，必须精心培育。当气温上升到 10 ~ 12 摄氏度时，金鱼有了摄食的欲望，此时可将筛选的亲本按雌雄分开培育，其要点是：放养密度要比一般商品金鱼稀，相对提高水中氧气含量，保持水质清新。注意升温保温，防止温度骤然变化，一旦温差变化过大，将直接影响金鱼的进一步发育。

● 应及时将亲鱼转入自然状态下生长发育，此时换水工作要做好，换水时宜少量多次，分批进行，每次换水量占池水的 1/6 ~ 1/5，隔 2 ~ 4 天再换一次，操作时要小心轻缓，不搬动，少惊吓，一定注意要带水操作，不可轻易让亲本离水作业。

● 投喂鲜活鱼虫（枝角类、桡足类等）或蛋白质含量 35% 以上的人工配合饲料，投饵量要由少到多，刚出盆时可以不投饵或少投饵，以后视亲鱼的吃食情况而定，一般日投饵率在 1% ~ 3%。

● 亲鱼在出盆后一个月左右恢复体力，生殖腺充分发育成熟，完成其产卵繁殖的一切生理上的准备。

雌雄搭配

● 雌雄比例为 2∶3 是合理的搭配，如果雄体健壮，鱼体大，比例可为 1∶1。这样可以保证受精卵畸形率低且孵化率高。

● 在温度适宜、环境好时，要随时监测亲鱼的性成熟度及发展情况，在临产前 3 ~ 5 天，将原来分开培育的雌雄亲鱼群在一个产卵池中强化催情。

人工繁殖时间的确定

● 一般在 4 月，当水温稳定在 16 摄氏度以上后，金鱼性腺趋于成熟，但不同的金鱼成熟程度不同，可以在晴天下午进行人工催产，以便批量生产鱼苗。

● 催产前检查亲鱼成熟度，一般雌雄分开饲养的亲鱼，放入产卵池中，发现雄鱼有追逐雌鱼现象，雄鱼轻挤其下腹部有精液流出时，可以进行催产。

产卵前的准备工作

● **准备产卵池**　金鱼产卵时应给予安静舒适的环境，不要打扰惊吓，更不能随意捞取。产卵池可直接用土池或水泥池，水泥池面积为 10 ~ 30 平方米，内壁光滑，水深 20 ~ 25 厘米。产卵池数量要根据产卵规模而定，但要适当多准备几个。产卵池最好能用高锰酸钾或浓盐水消毒，之后注入新水备用。

● **新水的准备**　金鱼产卵时，对水质和溶氧量的要求很高，同时，新水的刺激对促进亲鱼发情产卵很有帮助，所以要多准备些新水，以

产卵池最好能用高锰酸钾或浓盐水消毒。
浓盐水

供换水时使用。

● **鱼巢的制作**　金鱼所产的卵都是黏性卵，应往产卵池中敷设鱼巢，制作鱼巢的材料要无毒、耐用、附着面积大、来源广、价格低。生产中多采用狐尾藻、金鱼藻等水草，也可用棕榈皮和人造纤维丝等。一般采用沉水性植物为好，一方面这些水生植物可以模拟天然环境，另一方面可以产生光合作用供应氧气。水草使用前先清洗，然后用2%的盐水浸泡30分钟或10毫克/升的高锰酸钾溶液浸洗20分钟，棕榈皮使用前用沸水蒸煮1小时以上。鱼巢的制作方法是：将制作鱼巢的材料截成40～60厘米长的小段，以数十根为一束，从一端捆扎成束，另一端蓬散开，悬浮于产卵池水中层。用棕榈皮做鱼巢要将其撕拉成蓬松状。

● **孵化池**　一般采用水泥池，面积为10～30平方米，内壁光滑，水深20～25厘米。水质清澈见底。

人工催产方法

● 在杂交育种时，由于不同品种雌鱼和雄鱼的个体发育差异较大，产卵和排精时间不一致，会导致人工授精的失败。如果注射催产剂后，雄雌亲鱼的性腺发育趋于同步，可在预定的时间内产卵与排精，顺利地完成人工授精过程。此外，人工注射催产剂，可以促进体弱或体脂肥厚、性机能衰退、性激素分泌不足的亲鱼产卵。

● 催产剂是鲤脑下垂体和促黄体素释放激素类似物混合剂。每尾雌鱼的注射剂量为 3 ~ 5 微克促黄体素释放激素类似物加 1 ~ 3 个鲤或鲫脑下垂体，雄鱼的注射剂量为雌鱼的一半。金鱼个体小，可用 4 号或 5 号的细针头胸腔注射或肌肉注射，深度不超过 2 厘米。

● 催产池的水温需保持在 16 ~ 20 摄氏度。催产后的效应时间受水温、性腺成熟度、催产剂种类和剂量等的影响。一般在注射后 24 小时内出现不同程度的反应。要随时注意观察反应，做好收集卵的准备。

金鱼的自然产卵

● 亲鱼经培育成熟后放入产卵池，先是雄鱼尾随雌鱼快游一段，以后追逐频繁，时间延长，表明已临近产卵。

● 几日后，雄鱼用头部紧紧顶着雌鱼腹部追来追去，久久不离开，即是产卵的征兆。其产卵高潮一般多在清晨 4 时至上午 10 时左右，雄鱼激烈追逐雌鱼，发情高峰时，雌鱼游到鱼巢上产卵，雄鱼同时射精。尾鳍激起的水波使卵子散落黏附在鱼巢上。待鱼巢表面布满卵后，应及时取出放入孵化池中，以免鱼卵重叠或亲鱼吃卵。

● 金鱼分批产卵，一般每批间隔 8 ~ 12 天，产完之后应及时将亲鱼捞出。一般来说，雌鱼产后懒游，长时间沉入水底；雄鱼停止追逐开始食卵，产卵池恢复平静，应迅速将亲鱼捞出，雌雄分开放入另外池中精心培育。若亲鱼受伤要涂抹磺胺软膏等消炎药物或用药浴等消毒。

金鱼的人工授精

人工授精能提高金鱼精子与卵子的受精率和利用率，也可按生产需要有意识地定向培育优良品种和新品种。人工授精可以带水进行，也可以离水操作。两者各有利弊，选用时要根据具体条件灵活掌握。

1. 带水授精法

● 又称湿法授精，具体做法是：以一个口大底浅的脸盆作为容器，盛放适量清水， 般水深约为盆深的1/2，并放适量的金鱼藻或狐尾草等让其漂浮在水中。

● 然后，两手分别抓住雌鱼和雄鱼，使它们的生殖孔相对，先用大拇指轻轻挤压雄鱼腹部，可见有乳白色的精液流出，用相同的方法挤出雌鱼腹内的卵粒，两手在水中轻轻颤动，让卵粒均匀地随水落到盆中的人工鱼巢上，这时卵子和精子在水中很快受精，卵粒由透明而转为米黄色的受精卵。

● 由于水内受精法不离水，对亲鱼的损伤略小于离水授精法，受精卵粒黏性强，能很快附着于人工鱼巢上，换水容易，操作方便。

2. 离水授精法

● 也称干法授精。具体做法是：当看到池中的雄鱼持久不舍地追逐雌鱼，雌鱼已有少数卵粒排出时，立即把雌、雄金鱼轻轻地捞进水盆中，然后一手抓住雌鱼离水，用毛巾吸干鱼体上的水珠，用拇指轻轻挤压雌鱼腹部（由胸鳍起至腹）让卵均匀地排出至事先消毒过的浅搪瓷盘中，然后用同法迅速轻轻挤压雄鱼腹部，使精液迅速流入已有鱼卵的盘中，另一手可取少许等温新水轻轻把精液全部冲入盘中，再用干净毛笔或羽毛轻轻把精液和卵子拌匀，充分混合使卵子迅速受精。

● 也可以先挤出精子，后挤出卵子。具体做法是：一只手握住雄鱼，用手轻轻挤压其腹部，同时用另一只手拿吸管吸取流出的精液，再滴入搪瓷盆中，接着迅速挤出雌鱼体内的卵子，使精卵混合，然后用羽毛将精卵搅拌均匀。约过 10 分钟后徐徐将受精卵均匀地倒入孵化池（缸）中的鱼巢上，让其孵化。

影响亲鱼产卵的一些因素

1. 温度

● 金鱼是变温动物，对温度的变化十分敏感，其性腺发育必须在适温下才能较好地进行。15 ~ 25 摄氏度的水温通常能激发金鱼旺盛的性欲。

● 若气温突变，金鱼繁殖的活动会暂缓进行。水温高于 30 摄氏度或低于 5 摄氏度时，雄鱼一般停止排精，雌鱼停止产卵。

2. 光照

● 光照对生物体的新陈代谢具有积极作用。适当的光照能促进金鱼脑下垂体的激素分泌，促进雌雄鱼的性兴奋。

● 金鱼在黎明及光照和煦的白昼，繁殖活动较频繁，而在强光和黑暗环境下几乎停止活动。

3. 水质

● 通常清澈透明的清水溶氧较高，能促进金鱼的性欲，减少污物及藻类对精子活动的阻碍，有利于鱼卵的受精。含藻类较多的绿水，虽氧气充足，但缺乏新水所特有的刺激性，一般多用于稳定金鱼的性欲，延缓产卵期，或护理产后金鱼。若水质受产卵分泌物污染后，雌雄鱼的繁殖活动不旺盛或暂停，此时可注入适量清水，便能激发亲鱼再度产卵。

● 产卵前后的雌雄金鱼对水质尤为敏感。若水中缺氧或 pH 值不适，亲鱼的繁殖活动就显著衰退，呼吸缓慢，疲劳不堪，这不仅影响金鱼的正常繁殖活动，甚至危及亲鱼的生命安全。

4. 气压

正常的气压是金鱼繁殖活动的主要保证。气压低时，鱼感不适，反应强烈。在闷热天气时，金鱼几乎停止排精或产卵活动。

产后亲鱼的培育

● 产后亲鱼的体质较虚弱，容易感染皮肤充血症、肤霉病与白点病等而死亡。因此要加强产后亲鱼的护理和培育，恢复体质，以便在下一年顺利繁殖。产后亲鱼密度要比产前低一些，并把它们放养在绿水池中，一般保持水深 20 ~ 25 厘米。

● 亲鱼交配时期的池水要更换，或在原水内掺入部分清水或绿水以改善水质。因亲鱼交配时，水中残留着较多的精液和雌鱼的分泌物，易败坏水质，必须改善水质。新更换过的水质最好掺入部分绿水，使池水迅速转绿。新水的水温应与原水温相近，两者的温差不要超过 0.5 摄氏度。如条件许可时，在亲鱼池中以机械增氧，使亲鱼处在一个适宜的生活环境中。产后亲鱼应处在充足光照的环境中。如果光照不足，应将亲鱼移至光线充足处饲养，或以灯光补充光照。

● 产后亲鱼的投饲量是平时的 1/3 ~ 1/2，最好投喂活饵料，切忌一餐多量。应每日上午 7 时前喂食。每日要加强观察，至少观察 3 ~ 4 次，注意亲鱼的活动情况，体表色泽、食欲及排泄物等。如发现亲鱼呆滞、沉浮失常、皮肤充血或体表有白色的黏液等反常状况，应对感染处进行显微镜检查，分析病因，对症诊治。亲鱼在产卵过程中常相互追逐而使体表受伤，尤其是黏膜、鳞片和皮肤等会损伤，且产后的亲鱼体质都较虚弱，因此，当亲鱼产卵结束后，应及时将它们分别放回与原池水温相近的老水中饲养（雌雄亲鱼需分养），珍贵品种的亲鱼不能混养。将亲鱼移出产卵池时，应以脸盆连水带鱼一起移出，这可预防鱼体受伤。

● 亲鱼池内可放适量食盐(50 ~ 100克/立方米),每两周放一次。这可起到鱼体与水体消毒的作用，抑制或预防寄生虫及病菌的繁殖。

受精卵孵化

● 孵化池中要清除未受精的卵，更换池水与清污，以防败坏水质，影响孵化效果。受精卵为橙黄色半透明状，有光泽，卵径为1 ~ 1.2毫米；雌鱼产卵后24小时左右，如发现鱼巢上乳白色的卵出现，即是未受精卵，会随即死去，应及时用镊子轻轻摘去，以免因腐烂而败坏水质或发生水霉菌感染而危及全池。橙黄色受精卵在水温15 ~ 16摄氏度条件下，孵化2 ~ 3天，从外表看卵的透明度降低，渐渐出现一个小黑点，这便是最先形成的幼鱼的头部。再过2 ~ 3天，在此黑点周围就形成一肉色的圆团，即为鱼的身体。这时，在放大镜下观察，可见鱼尾在不断地摆动，时断时续，由弱到强，最后破出卵膜成为仔鱼。

● 金鱼受精卵孵化期的长短与卵的质量、品种和外界环境条件，尤其与水温有关。一般情况下，孵化期随着水温的升高而缩短。水温15 ~ 16摄氏度时，孵化需6 ~ 7天；水温17 ~ 18摄氏度时，孵化需4 ~ 5天；如果水温升高到20 ~ 22摄氏度，孵化需3 ~ 4天；水温达25摄氏度时，仅3天即可完成孵化过程。水温16 ~ 18摄氏度，经6 ~ 7天孵出的仔鱼体质最好。如果水温高于30摄氏度或低于7摄氏度，胚胎畸形率增高，单尾鱼的比例增加。孵化时必须防止水温急剧变化。

● 孵化池内的水质要保持清洁新鲜，溶氧量要充足。在一般清新的水质中不要额外增氧与注水。

金鱼受精卵孵化过程中应注意的问题

● 受精卵采收后应在1 ~ 2小时内转移到孵化池中进行孵化，并要控制温差小于2摄氏度。

● 要保证孵化池水质清新，溶氧量充足，无敌害生物。

● 孵化过程中不要随意翻动鱼巢并保证鱼巢和受精卵浸没在水中。

● 待仔鱼的卵黄囊消失后，鱼苗全部能自主沉浮平游（称为“离巢”）后1 ~ 2天取出鱼巢。

● 孵化过程中不能换水，也不能搅动水体，以免影响胚胎的发育，造成鱼苗发育畸形或死亡。

孵化过程中不能
换水！

话题 3 金鱼养殖技术

培育池条件

● 金鱼苗种培育池应建于阳光充足、通风良好、进排水方便的地方。水源为河水、井水或自来水，要求水质清新、无污染，溶氧量在 3 毫克 / 升以上，pH 值为 7 ~ 8.5。

● 池子规格和数量以养殖规模而定。一般根据鱼池的用途不同建造多个规格的水泥养殖池，20 平方米以下的池子较多，一般亲鱼池为 3 ~ 10 平方米，产卵池为 2 ~ 5 平方米，孵化池和仔鱼池为 2 ~ 5 平方米，幼鱼池为 3 ~ 10 平方米，商品鱼池为 5 ~ 20 平方米。池底平坦，向出水口一侧倾斜，池深 35 ~ 50 厘米，水深 25 ~ 40 厘米。

● 如条件允许可建成砖混结构的永久性池子，家庭渔场一般可建成简易的塑料薄膜内衬池。

鱼苗、鱼种的选择

● 在金鱼鱼苗期，每次脱水、分池时，选择体形优良、生长发育快、体质健壮及各品种特征明显的金鱼苗。

- 选择色彩鲜艳、不变色的金鱼作为后备种鱼。
- 选择后备种鱼时还要考虑金鱼运动时的优美体态。

鱼苗、鱼种放养前的准备工作

- **鱼池消毒** 水泥池建好后要进行严格消毒，用漂白粉 20 毫克 / 升或高锰酸钾 20 毫克 / 升全池泼洒消毒，24 小时后排净消毒液。新建水泥池应脱碱后使用。土池可用生石灰消毒，池水保持 6 ~ 10 厘米深，每 666.7 平方米用生石灰 75 ~ 80 千克。
- **培养生物饵料** 在鱼苗下塘前 5 ~ 7 天、鱼种下塘前 7 ~ 10 天向池塘中施肥培养生物饵料，一般每 667 平方米施有机肥 300 千克。

鱼苗、鱼种的放养密度

- 金鱼苗种的放养密度要依生产要求、金鱼品种、鱼体大小、水温和水质等来确定。一般是鱼体大，放养密度小；普通品种金鱼放养密度大，珍贵品种放养密度小。金鱼放养密度见表 5。

表 5　金鱼放养密度　　　　尾 / 平方米

规格（厘米）	2 ~ 3	4 ~ 5	7 ~ 8	10 ~ 11
普通金鱼	100 ~ 150	50 ~ 60	25 ~ 30	15 ~ 20
名贵金鱼	50 ~ 80	25 ~ 35	8 ~ 15	5 ~ 10

● 鱼苗首次分池、换水俗称“脱水”，由于放入孵化池的受精卵数量不易准确掌握，在鱼苗培育数天后，常出现因密度过大引起的缺氧浮头现象，应及时调整养殖密度。因仔鱼稚嫩，不能用密眼网直接捞取，否则会挤伤鱼苗，增加残次率。具体操作步骤是：用准备好的塑料筐外面包上一层纱布或窗纱沉于水底，用吸水管从塑料筐内将水吸至另一空池中，待池水减少到一定程度时，改用脸盆将池中密集的鱼苗轻轻连水带鱼移入已注入部分原池水的池中，至两池鱼苗数量基本相等时，再沿池壁徐徐注入经充分晾晒过的等温新水。一般水深 30 厘米，每平方米放养 1 厘米左右鱼苗 150 尾。

● 鱼苗首次“脱水”后，随着鱼苗的生长和新陈代谢的加强，还需进行 2 ~ 3 次“脱水”，这时可用小眼渔网或窗纱从一侧把鱼苗密集到池子一角，用脸盆连鱼带水进行分池养殖。一般水深 30 厘米，每平方米放养 2 厘米左右鱼苗 120 尾，放养 3 厘米左右的鱼苗 80 尾。

鱼苗、鱼种的放养

● 鱼苗培育池一般兼作金鱼孵化池，因此控制适宜的放养密度应从孵化环节入手，一般每平方米放入孵化鱼巢 2 ~ 3 束，同一池内应放同批、同品种的鱼卵，鱼苗孵出 3 ~ 4 天后取出鱼巢，转入苗种培育阶段。

● 如果是购买的经过长途运输的鱼苗，要先将装鱼苗的塑料袋放在池水中 15 分钟左右，以调节塑料袋内外温差，当内外水温一致后再开袋将鱼苗放入池内的鱼苗箱中暂养，暂养时，应经常在箱外划动池水，以增加箱内的溶解氧。鱼苗经暂养后，需向鱼苗箱中泼洒鸭蛋黄水，待鱼苗吃饱后，肉眼可见鱼体内有一条黄线时方可下塘。

● 鱼苗要保证在轮虫高峰期下塘，鱼种要在轮虫和枝角类高峰期下塘，这样能保证鱼苗、鱼种下塘后能及时吃到适口的饵料。鱼种放养前最好用 3% ~ 4% 的食盐水浸浴消毒。

饵料投喂

1. 鱼苗第一阶段投喂

● 刚孵出的仔鱼体长在 0.2 ~ 0.3 厘米，以腹部吸附于鱼巢上，在 2 ~ 3 天内仅靠吸收卵黄囊中的营养生长发育，这期间不用投喂饵料；孵出 3 ~ 4 天后，仔鱼开始作水平游动，并从外界环境中摄取食物，这时有无适口的饵料是决定其成活率的关键。

● 鱼苗的最佳开口饵料为轮虫、草履虫等易于消化吸收的小型浮游动物，俗称“灰水”。若“灰水”供应不足，可选用浮性强、微型颗粒的鲤科鱼类人工开口饲料，也可用煮熟的鸡蛋黄或鸭蛋黄代替喂养。

● 用蛋黄喂养时用双层纱布将蛋黄包好、碾碎，然后将此纱布包置于水面上轻轻拍动，边拍边移动位置，使蛋黄颗粒通过纱布孔隙呈云雾状均匀悬浮于水中供鱼苗摄食。一般每天投喂两次，投饵量视水温及仔鱼食欲确定，原则上以投喂后 1 小时内吃完为度，避免大量残饵留在水中败坏水质，引起鱼苗窒息死亡。

2. 鱼苗第二阶段投喂

随着仔鱼的生长，在培养 7 ~ 8 天后改喂鱼虫或适口的人工饲料，人工饲料蛋白质含量应为 35% ~ 40%，投饵量要根据当时的天气、水质、水温及生长情况进行适当调整，以饵料能在半小时内吃完、鱼达八成饱为宜，一般鱼虫上午一次投完，人工配合饲料每天投喂 2 ~ 4 次。

饲料投喂注意事项

● 金鱼在不同的生长发育阶段对营养的要求不同，所以要根据金鱼不同的生长阶段适当调整饲料中的营养成分，保证金鱼的营养需要。

● 水温在 2 摄氏度以下时金鱼还能摄食，可适当投饵；水温在

1 摄氏度以下时，金鱼几乎不摄食，不用投饵。

● 养殖金鱼“老水”（指养过一个时期的澄清而颜色油绿的水）较好，因其中天然饵料较多，营养齐全，有利于金鱼体内各种色素颗粒的形成和积累。

● 要适当地调整饲料的种类和数量，切忌长时间投喂同一种饲料。

水质管理

1. 换水、清污

● 一般土池春秋季节每 10 ~ 15 天换水一次，夏季 5 ~ 10 天换水一次，每次换水量为池水的 1/5 ~ 1/4，换水时温差不超过 2 摄氏度。

● 水泥池可每天用胶皮管吸除池底残饵、粪便等污物，抽出的污水占池水的 1/10 ~ 1/5，之后用胶皮管沿池壁徐徐添加等量的经 2 ~ 3 天晾晒处理的等温新水。

● 每天下午用刮污板除去漂浮在水面上的污物。

2. 增氧

面积较大的土池可用增氧机增氧，面积较小的水泥池可用气泵充气增氧，充气增氧时，最初充气量应小，随着鱼体增长、逐渐增大充气量。

3. 生物调节

● 为控制浮游植物的繁殖，可适量移入水蚤来吞食绿藻，同时水蚤还可吞食水中的残饵，对改善水质非常有利。

● 定期泼洒微生态制剂如 EM 菌、光合细菌等对改善水质的效果也很明显，一般每周使用一次，浓度为 5 ~ 10 克 / 立方米。

● 可适量移植浮萍、金鱼草等水生植物，一方面可为鱼苗补充饵料和提供栖息场所，另一方面可调节水质。

日常管理

● **巡塘**　巡塘是日常管理工作中的重要内容之一，应坚持黎明、午后和傍晚各巡塘一次。早上巡塘主要是观察鱼类活动情况，由于鱼苗较小，浮头时不易被发现，应加倍小心，发现浮头应立即采取增氧、加水、分池等措施；午后巡塘检查鱼苗生长活动和水质变化情况，保持水体清洁;傍晚巡塘检查鱼苗吃食情况，考虑次日投饵、换水等工作，通过巡塘发现问题并及时解决。

● **防晒控温**　春末夏初阳光强烈，中午水温可升至 25 摄氏度以上，水中浮游植物大量繁殖，光合作用增强，溶氧过饱和，鱼苗易患气泡病，俗称“烫尾”。故需及时给鱼池遮盖苇帘或遮光网，遮盖面积一般是池面的 1/3。

太阳太毒了，快给鱼池遮盖苇帘吧。

苗种的挑选

金鱼的变异性很大，其子代变异率高达60% ~ 70%，所以金鱼苗种的挑选是一项极为重要而复杂细致的工作，常结合换水和分池进行。

● **第一次挑选** 在仔鱼孵出10 ~ 15天左右进行，这时鱼苗长到1 ~ 1.5厘米，已可以看到幼鱼的尾鳍了。这次挑选的目的，是根据尾鳍形状的优劣，将单尾的金鱼剔除淘汰掉。

● **第二次挑选** 在首次挑选后10天左右进行，这时鱼体长到2厘米以上，尾鳍已分化成形，肉眼清晰可见。凡不具备三尾或四尾的一律淘汰。

● **第三次挑选** 距第二次挑选10天后，鱼体长度超过3厘米时进行，淘汰背鳍发育不全和尾鳍有异常的鱼苗。

● **第四次挑选** 幼鱼养至2 ~ 3个月，体长可达4 ~ 6厘米，色彩已经基本定型，品系特征已清晰可辨，体形也发育良好。可依良种鱼苗的标准，以形态为主，按体形、尾形及各鳍形状是否端正、匀称、对称，进行严格挑选。这次挑选的周期可以长一些，当幼鱼达到4月龄时，可继续筛选。

● **第五次挑选** 鱼体达6 ~ 8厘米长，绝大多数鱼苗体色已呈现出来。其中五花类、蓝色类、紫色类、黑色类及鹤顶红的变色已结束。挑选重点放在色泽的筛选。把转色早、颜色鲜艳的留下。主要是针对不同品种的不同特征，严格选留体形、眼睛、绒球、珠鳞、水泡和色彩等各方面特别优秀者，加以特别培养，日后从中再甄选出高档鱼及种鱼。

鱼病的防治

主要采取的预防措施有：

● 水质、水温要符合鱼苗生长的要求，防止水温升降过快。

● 饵料质量有保证，鱼虫必须经反复冲洗干净后才可投喂，定时、定量投饵。

● 换水、捞鱼、挑选时务必谨慎，力求不碰伤鱼体。

● 注意鱼池、鱼体、工具、饵料的消毒，常用的消毒液有3%的食盐水和10毫克/升的高锰酸钾溶液。

● 鱼苗培育阶段危害严重的虫害有水蜈蚣和水虿（蜻蜓幼虫）等，可用90%晶体敌百虫以0.3～0.5克/立方米浓度杀死，以保证鱼苗安全。

金鱼的运输

1. 运输前的准备

● **制订运输计划** 在金鱼运输前，尤其是长距离运输，事先要制订详尽的运输计划，包括运输容器、交通工具、人员组织以及中途换水等事项。

● **备好运输用水** 运输金鱼的用水要事先晾晒好，要求水质清新无污染，且水温必须与养鱼池水温基本一致。如采用自来水，可在水中放入适量的大苏打除氯后再使用。

● **高密度暂养** 运输前 3 ~ 4 天将金鱼移入暂养池，密度为一般正常放养密度的 3 ~ 5 倍。暂养期间停止喂食，这样可使金鱼体内的粪便排除干净，以免排入运输容器中污染水质。另外，混养的金鱼此时要分开饲养，以方便装运。

2. 选择运输方法

常用的金鱼运输方法有两种：一是短距离运输，通常运输时间在 2 小时以内，可用塑料桶、塑料袋等器物运输。二是长距离运输，一般运输时间在 10 小时左右，可使用塑料袋充氧运输。前者运量少，简单方便；后者运量多，成活率高，比较常用。

3. 掌握好运输时机

● 金鱼在温度低时摄食少，耗氧低，且温度越低，水中溶氧就越多。因此，在温度低时运输金鱼成活率高。同时，水温越低，金鱼活动越弱，在捕捞、装运时受伤概率小。

● 实践证明水温在 5 ~ 15 摄氏度时运鱼最好，即早春和晚秋时期。如必须在冬季运输金鱼，一定要注意保暖。水温过低，会使金鱼冻伤。若在夏季运输，可在塑料袋外加冰块降温，效果颇佳。

4. 把握运输密度

● 金鱼运输的密度应与当时当地的气候情况、水温、运输时间及金鱼的品种、规格等因素结合起来考虑。

● 如春秋季节，短距离运输，一只 100 厘米 ×50 厘米塑料袋可装 2 ~ 4 厘米的金鱼 100 ~ 120 尾，5 ~ 6 厘米的金鱼 60 ~ 80 尾。长途运输，一只 100 厘米 ×50 厘米的塑料袋可装 2 ~ 4 厘米的金鱼 800 ~ 1 000 尾，5 ~ 6 厘米的金鱼 600 ~ 700 尾。

● 若在夏季运输，就要减少运输量。对于品种而言，像珍珠鱼、水泡、望天眼等品种，可适当降低运输密度；一些名贵品种运输密度为常规品种的一半；狮头、龙睛等普通金鱼可按一般品种装运；草金鱼等还可加大运输密度。

5. 合理装鱼

用塑料袋装鱼要求动作轻快，讲求方法，尽量减少对金鱼的伤害。通常要注意以下几个环节：

● **选袋** 选取 100 厘米 ×50 厘米的塑料袋，检查是否漏气。将袋口敞开，由上往下一甩，并迅速捏紧袋口，使空气留在袋中呈鼓胀状态，然后用另一只手压袋，看有无漏气的地方。也可以充气后将袋浸没水中，看有无气泡冒出。

● **注水** 注水要适中，一般每袋注水 10 升左右。以塑料袋躺放时，金鱼能自由游动为好。注水时可在装水塑料袋外再套一只塑料袋，以防万一。

● **放鱼** 按计算好的装鱼量，将金鱼轻快地装入袋中，亲鱼要一尾一尾地装，鱼苗宜带水一批批地装。

● **充氧**　把塑料袋压瘪，排尽其中的空气，然后缓慢装入氧气，至塑料袋鼓起略有弹性为宜。

● **扎口**　扎口要紧，防止水与氧气外流。一般先扎内袋口，再扎外袋口。

● **装箱**　扎紧袋口后，把袋子装入纸质箱或泡沫塑料箱中。也可将塑料袋装入编织袋后放入箱中，置于阴凉处，防止暴晒和雨淋。

6. 防治鱼病

● 金鱼在运输过程中，难免受伤，尤其是金鱼体表的黏液，它是金鱼体表的保护层，一旦受损脱落常会使金鱼感染病菌，在运输后不久就会发病死亡。

● 一般情况下，可在每只运鱼袋中放入食盐 2 ~ 3 克或四环素 0.25 克，有较好的防病效果。

7. 放鱼入池

● 金鱼到达目的地后，不可急于倒入池中，应采取以下方法，防止金鱼因水环境变化而发生病害。

● 首先，在放养金鱼的池中注入晾晒好的新水，金鱼到达后，将塑料袋放入水中浸泡 15 分钟，使内外水温一致后，再解开袋放鱼入池。

● 其次，为防止病害发生，在放鱼时，宜用大盆按比例放入，把金鱼放在 3% 的食盐水中浸泡 15 ~ 30 分钟后再放入水池中。

● 最后，刚入池的金鱼不宜喂食或尽量少喂食。一般头 1 ~ 2 天不投喂或投喂少量适口的水蚤，从第三天开始喂食，并逐渐按常规投喂量投喂。

第四讲　锦鲤、金鱼的营养需求和饲料

话题 1　锦鲤和金鱼的营养需求

锦鲤和金鱼因拥有斑斓多彩的外表以及可爱的泳姿，深深吸引着人们的眼光而被喜爱。观赏鱼与食用鱼有着不同的饲养目的，食用鱼着重于成长速度与饲料效率；而观赏鱼着重于健康与艳丽。观赏鱼的种类、食性不同，不同的生长阶段对饲料的营养需求也不同。

蛋白质

● 蛋白质是由各种氨基酸构成的，是鱼类生长、发育及繁殖所必需的养分，也是构成观赏鱼身体的主要成分，若饵料中缺乏碳水化合物时蛋白质可转为热能。如蛋白质摄入不足会引起鱼体瘦弱、免疫力下降和发育异常等问题。

● 观赏鱼在不同生长阶段，对饲料中蛋白质含量的要求也是有区别的，如幼鱼饵料中的蛋白质含量达到 40% 才有利于其生长，随着观赏鱼的成长，蛋白质含量可逐渐降低，到成鱼时只需 20% ~

观赏鱼在不同的生长阶段对饲料的营养需求也不同。
饲料
饲料
饲料

25% 即可。但在繁殖时期，观赏鱼需要补充蛋白质饲料，否则会影响其生殖器官的发育。

糖类

● 糖类也是观赏鱼的能量物质之一，在饲料中适量添加可节约蛋白质，降低成本，因此在饲料中不可缺少。

● 糖类缺乏时会造成观赏鱼发育缓慢、鱼体消瘦及神经活动障碍等问题的发生。一般饲料中糖类的含量在 40% ~ 60% 为好。

维生素

● 维生素虽然在观赏鱼的饲料中所占比例很低，但它却是保证鱼体健康，维持观赏鱼正常生理机能所不可缺少的重要物质。如果缺乏维生素会造成观赏鱼食欲减退、免疫力下降，各种维生素均有其功用。

● 一般市售饲料中都有添加维生素。

脂肪

● 脂肪是观赏鱼重要的能量来源，能提高蛋白质的利用效率，

ω-3 不饱和脂肪酸是鱼类生长的必需脂肪酸，还能帮助脂溶性维生素 A、D、E、K 的吸收。因此食物中不可缺乏脂肪，如果缺少脂肪，会造成观赏鱼抗寒能力下降，生长发育迟缓等。但饲料中的脂肪又不能过高，过高容易引起观赏鱼肥胖症，尤其是种鱼，摄食脂肪量过多将影响性腺发育和繁殖。

- 一般饲料中的脂肪含量在 2% ~ 8% 较为合适。

纤维素

鱼类不能消化纤维素，但纤维素对鱼类肠道的蠕动有很大的帮助，尤其是杂食性或偏素食性鱼类，其饲料中纤维素是不可或缺的。养殖锦鲤者常用蔬菜、瓜果作为锦鲤的副食，金鱼喜食藻类、苔藓等物，但偏肉食性鱼类就不适用含高纤维的食物来饲养。

矿物质

钙、镁、铜、磷与锌等矿物质虽然在饵料中含量极少，但都是重要的营养元素。饲料中的钙、磷多一些，对观赏鱼的发育有帮助。

扬色物质

为使观赏鱼更加艳丽动人，通常饲料中都含有扬色效果的原料，较通用的有绿藻、螺旋藻、虾和蟹类等。此类原料不但含有高蛋白质的营养素，还含有高浓度的帮助鱼类色素细胞沉积的各种色素，使观赏鱼体表更加艳丽光彩，是观赏鱼饲料中最具特色的添加物质。

话题2 饲料添加剂

饲料添加剂一般分为矿物质添加剂、氨基酸添加剂、维生素添加剂和非营养性添加剂 4 类。

矿物质添加剂

● 矿物质添加剂包括常量元素和微量元素。一般植物性饲料中缺乏的常量元素有钙、磷、氯、钠。可用食盐补充氯和钠的需要，石粉、蛋壳粉、贝壳粉、骨粉及脱氟磷矿粉可补充钙和磷。饲料中缺乏的微量元素，经添加后在养殖生产中能发挥作用的主要有铁、锌、铜、锰、钴等。

● 在配合饲料中选用哪几种矿物质及矿物质使用的比例，与饲料原料产地关系很大。配料时应了解饲料中各元素的含量，再按饲养标准确定添加种类和数量。微量元素可与稀释剂混合均匀，制成预混料，按 1% ~ 5% 的比例添加到观赏鱼配合饲料中。

氨基酸添加剂

● 鱼类氨基酸有 10 多种，最主要的有赖氨酸、蛋氨酸和色氨酸。作为饲料添加剂使用的氨基酸工业产品有 DL- 氨基酸、盐酸 L- 赖氨酸、甘氨酸、谷氨酸钠及 L- 色氨酸等。

● 饲料中氨基酸的含量差别很大，很难规定一个统一的添加比例，目前氨基酸一般添加量为饲料总质量的 0.1% ~ 0.3%。具体添加比例要根据饲料中的营养浓度和饲养实践来确定。

维生素添加剂

● 目前可作为饲料添加剂用的维生素产品主要有维生素 A 粉、维生素 A 油、维生素 D_2 油、维生素 E 粉、维生素 E 油、维生素 K 粉、维生素 B_1、维生素 B_2、维生素 B_6、烟酸、泛酸和氯化胆碱等。

● 维生素制剂与稀释剂混合均匀，制成预混料，按 1% ~ 5%

的比例添加到观赏鱼配合饲料中。

● 观赏鱼的体色主要由类胡萝卜素、黑色素、腺嘌呤和鸟嘌呤等各种物质在多因素的作用下形成的，类胡萝卜素在其中起着重要作用。观赏鱼不能合成类胡萝卜素，只能从饲料中获取，摄取的类胡萝卜素在体内一部分转化成维生素 A，一部分在观赏鱼皮下、肌肉和外壳等处沉淀，改变其色泽。

非营养性添加剂

非营养性添加剂包括激素、抗生素、抗寄生虫药物、人工合成抗氧化剂和防霉剂等，使用时要严格按生产厂家使用说明书添加。任何同效的两种添加剂不得同时添加到同一种饲料中。

话题 3 饲料的主要种类

天然饵料

在一般情况下，观赏鱼对天然饵料特别是活饵料比较感兴趣，活饵料可以增加观赏鱼的捕猎性及活跃性。但活饵体内含有较多寄生虫和细菌，很容易使观赏鱼患病，而且观赏鱼在捕捉活饵时还可能会撞伤身体。因此，如喂食活饵应把活饵清洗干净，除菌后再喂食，而且在放入水中时可以先把其捏晕，使观赏鱼比较容易吃到，以免鱼体撞伤。

1. 水蚤

● 水蚤俗称红虫、鱼虫，其营养丰富，含有鱼类生长发育所需要的多种氨基酸，还含有丰富的脂肪和维生素。主要用于喂食中小型鱼或大型鱼的鱼苗阶段。

● 经常投喂水蚤，可以促进观赏鱼的生长发育，改善观赏鱼的体色，增强观赏鱼的抗病力，促进亲鱼的性腺发育。

● 水蚤多是从坑塘中捕捞而来，因此必须经反复清洗并经消毒处理后才能投喂。

2. 丰年虫

● 又称卤虫，隶属于节肢动物门，丰年虫含蛋白质 60%，灰分 10% 左右，除各种必需氨基酸和多聚不饱和脂肪酸外，还含有较多的维生素。其幼体比成体所含营养成分高，因此应在丰年虫孵化脱壳后尽早投喂，避免将脱壳后的卵壳投喂到鱼池，卵壳被观赏鱼吞食后会引起肠梗塞,造成观赏鱼死亡,而且还会污染水质。

● 观赏鱼经常投喂丰年虫，可以促进观赏鱼的生长发育，改善体色，增强免疫力。

3. 轮虫

● 这种水生动物体形小、营养丰富，外表颜色为灰白色，是刚出

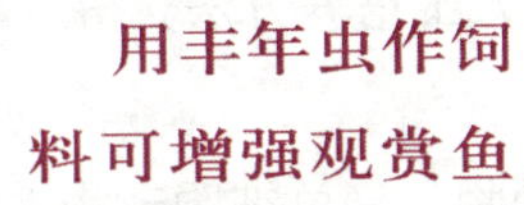
用丰年虫作饲
料可增强观赏鱼
的免疫力。

膜不久的观赏鱼苗的优良饵料。

● 轮虫在淡水中分布很广，可以在池塘、湖泊、水库或河流水体中捞取，也可以通过人工培养方法获得。

4. 原虫

● 又称为原生动物，是单细胞动物。种类也较多，分布广泛。作为观赏鱼天然饵料的主要是各种纤毛虫（如草履虫）及肉足虫。

● 草履虫是观赏鱼苗的良好饵料，在各种水体中都有，尤其是污水中特别多，也可以用稻草浸出液大量培养草履虫喂养观赏鱼苗。

5. 水蚯蚓

● 俗称鳃丝蚓、赤线虫，身体呈红色或青灰色。通常群集生活在小水坑、稻田、池塘和水沟底层的污泥中。

● 水蚯蚓中蛋白质和脂肪的含量均较高，营养丰富。水蚯蚓因受其生活环境的影响，致使其带有较多鱼类的病原体，所以必须经过多次的清洗并经过消毒处理后才可投喂。

6. 血虫

● 摇蚊幼虫的总称，活体为鲜红色，体分节，营养丰富。摇蚊幼虫适口性好，营养全面，是观赏鱼喜食的饵料之一。

● 残存于饲养池中的摇蚊幼虫不会对养殖对象产生危害，因为它可以大量摄取水体中的有机碎屑，还具有净化水质的作用。

● 因血虫多为人工培育，投喂观赏鱼的效果明显优于红虫。经常投喂血虫能促进观赏鱼的生长发育，提高抵抗力，且增色效果明显。

7. 螺蚌肉

需除去外壳，通过淘洗、煮熟后，切细或绞碎投喂观赏鱼。适于投喂较大型的金鱼或锦鲤。

8. 芜萍

干的芜萍含蛋白质45.8%，脂肪32.9%，此外还含有丰富的维生素和微量元素钴，它是观赏鱼的优良青饲料。不但能促进观赏鱼的生长发育，改良观赏鱼的体色，而且平时的适量投喂有助于观赏鱼的消化及营养的吸收。

9. 浮萍

因浮萍的须根较长，金鱼不大喜欢摄食浮萍，适合投喂较大的金鱼和锦鲤。

10. 浮游藻类

营养丰富，除含蛋白质、脂肪外，还含有多种维生素，其细胞的色素体内含有多种不同的色素，是观赏鱼鱼苗的好食料，可以使鱼苗成长快，成活率高，还能改善观赏鱼的体色。

配合饲料

配合饲料是根据观赏鱼的不同生长发育阶段对各种营养物质的需求，将多种原料按一定的比例配合、科学加工而成的。它具有动物蛋白和植物蛋白配比合理、能量饲料与蛋白饲料的比例适宜、营养物质较全面的优点，同时在配制过程中，适当添加各种观赏鱼特殊需要的维生素和矿物质，也含有增色剂、显色剂等，可使各种营养成分发挥最大的经济效益，并获得最佳的饲养效果。

1. 常见的蛋白饲料

● **豆粕（饼）** 粗蛋白含量在 40% ～ 48%，赖氨酸含量高达 2.45%，因制造工艺不同，其营养价值有很大差异。

● **菜籽粕（饼）** 粗蛋白含量较高，为 35% ～ 40%，菜籽提取油后得到菜籽粕，是良好的蛋白质饲料来源（目前很少使用）。

● **花生饼（粕）** 粗蛋白含量为 36% ～ 38%，花生仁经脱壳、榨、浸提去油后得到的饼粕（目前使用较少）。

● **鱼粉** 优质鱼粉蛋白质含量在 60% 以上，鱼粉是观赏鱼最常用的动物性蛋白质饲料，优质鱼粉是将整体鱼粉分离出油脂后，经加工、干燥制造的，由食用鱼类加工后的残渣制成的产品，实际上是鱼渣，由于加工原料与工艺条件不同，各地生产的鱼粉质量有很大差别，使用时要特别注意。

● **血粉** 血粉蛋白质含量高达 80% 以上，屠宰场畜、禽血液干燥后制成的粉末即成血粉，由于加工方式不同，质量差异很大（目前使用较多）。

● **羽毛粉** 粗蛋白含量高达 70% 以上，羽毛粉也称水解羽毛，是将清洁羽毛在高温、高压下水解、干燥、粉碎的产品（目前很少使用）。

● **肉粉与肉骨粉** 肉粉粗蛋白含量高达 50% ～ 60%，屠宰场、罐头厂及其他肉品加工厂收集的碎肉及连骨肉片加工、处理成为肉粉。

听说它质量差异很大，俺可要仔细挑挑。
血粉

如含磷多称为肉骨粉，美国规定含磷量在 4.4% 以下的为肉粉，4.4% 以上的为肉骨粉。

2. 常见的能量饲料

● **谷实类** 主要有玉米、高粱、大麦、小麦、稻谷和荞麦等，其营养成分的主体是淀粉，占 70% 以上；粗蛋白质不多，一般为 10% 上下；粗脂肪、粗纤维、粗灰分各占 3% 左右；水分占 14% 左右。优点是含大量淀粉，粗纤维少，适口性好，消化率高，是最重要的能量饲料。缺点是蛋白质含量低，而且一些重要的必需氨基酸（赖氨酸、蛋氨酸等）含量很少；矿物质贫乏，含钙一般为 0.02% ~ 0.09%，含磷不足 0.3%；除黄玉米外，禾本科谷实基本都不含维生素 A 原及维生素 D，其他维生素含量也较少。

● **糠麸类** 麦麸、稻糠、高粱糠产量大。其特点是：粗蛋白质含量 (10% ~ 16%) 高于谷实类；粗纤维较多 (10% ~ 25%)；淀粉少于谷实类，能量较低；钙少而磷多；维生素 E 丰富，B 族维生素也比谷实类多。总之，这类饲料能量浓度和消化率低于谷实类，但蛋白质、矿物质和维生素高于谷实类。

3. 常见的增色饲料（增色剂）

● **海带粉** 含有较高的类胡萝卜素和碘，在饲料中可添加 2% ~ 3%。

● **螺旋藻粉** 螺旋藻含蛋白质 68%，还含有脂肪、糖类、纤维素、钾、钙、镁、锌、硒、磷等及维生素 A、B_1、B_2、B_{12}、C、E 等多种营养成分。在饲料中可添加 1% ~ 2% 的螺旋藻粉。

● **胡萝卜** 每1 000克胡萝卜内含有胡萝卜素522毫克，叶黄素528毫克，是一种较好的增色剂。0.1% ~ 0.5% 的胡萝卜素有很好的增色效果。

● **南瓜** 南瓜实际上是一种较好的增色饲料，尤其是老南瓜，在配合饲料中添加部分南瓜可使金鱼的体色增艳加深。

● **血粉** 血粉既是一种蛋白质饲料，同时也是一种增色饲料，其内含有丰富的血红素，是一种增色剂。

● **虾红素** 虾红素是从虾、蟹和藻类中提取的（现在也有人工合成的），是一种效果很好的增色饲料，但价格较高，一般在饲料中添加0.1% ~ 0.5% 就可以了。

话题4 生物饵料的培养

草履虫等原生动物的培养

原生动物是喂养观赏鱼苗的好饵料，其培养方法比较简单，规模可大可小，可视需要决定规模。

1. 草履虫的培养

● 草履虫习性喜光，体长为0.15 ~ 0.30毫米，一般生活在湖泊、坑塘里，在腐殖质丰富的场所及干草浸出液中繁殖尤为旺盛，适宜温度为 22 ~ 28 摄氏度。

● 取池水置于玻璃培养缸中，如见水层中有游动着颗颗白色小点，即表明有其存在，大量繁殖时，在水层中呈灰白色云雾状飘动或回荡，故又称为洄水。培养时可取洄水作为种源。另一种方法是取稻草绳约 70 厘米长，整段或剪成若干小段置于玻璃缸中，再加约 5 升水，移入少量种源，而后将玻璃缸置于光照比较充足的地方。

● 在水温 18 ~ 24 摄氏度的水体中培养 6 ~ 7 天，草履虫已繁殖极多。繁殖数量达顶峰时，如不及时捞取，次日便会大部分死亡。因此一定要每天捞取，捞取量以 1/3 ~ 1/2 为宜。同时补充培养液，即添加新水和稻草施肥，如此连续培养，连续捞取，就可不断地提供活饵料。

2. 变形虫的培养

● 变形虫喜欢生活在水质比较清的水池或水流缓慢、藻类较多的浅水中，有的附着在浸没于水中或泥底的腐烂植物上，有的在水面的泡沫上。

● 培养时取泥底表面的泥土或浮沫的水滴作为种源。变形虫生活的最适宜温度是 18 ~ 22 摄氏度，春秋两季最易采集到。

● 变形虫的体形较大，有 0.2 ~ 0.6 毫米，肉眼可见一小白点。可利用其在饱食时突然受震会牢固地附着在物体上的特性把它分离出来作为种源。其方法是取含变形虫的培养液滴于玻璃上，可见白色小点（有条件在显微镜下观察更好），即滴凉水于白色小点处，并立即震动玻璃片，虫体就会牢牢附于玻片上，然后用凉水慢慢冲洗玻片上的培养液约 10 秒，这样连做数片作为种源，连同玻片一起放入培养液中，经几天培养，即可获得大量的、较纯的变形虫。这是质量较好的饵料。

● 培养液也可采用稻草加水浸泡的方法来制备，稻草和水的用量视培养规模来定，其比例可参照草履虫培养液。

轮虫的培养

● 轮虫繁殖的适宜温度与草履虫相近，培养时水温宜控制在 18 ~ 24 摄氏度。室外培养时，土池、水泥池中均可。

● 培养时用水体施肥的方法，先繁殖浮游藻类和小型原生动物作为轮虫的食物。施肥的方法是：以每立方米水体用硝酸铵 20 ~ 30 克、人粪尿 5 ~ 10 克（或加点牛、马粪等）的比例配成混合肥料作为基肥一次投入水池，待藻类繁殖起来后再放入种源，培养 10 天左右即可收获。

● 在培养过程中，一般每隔 4 ~ 5 天施有机肥一次。轮虫的分布很广，坑塘、河流、源泊和水库等处均可见到，故培养轮虫的种源可采取从洄水中分离的办法，即取洄水若干毫升放入玻璃皿中，先用吸管吸去大型蚤类等，利用轮虫趋光的习性，再用微细吸管把轮虫逐个分离出来，先在较小容器内培养，待有一定量时再放入池内培养。

枝角类的培养

枝角类繁殖的最适温度为 18 ~ 25 摄氏度。当水温降至 5 摄氏度左右时，停止产卵，水温上升至 10 摄氏度时又恢复产卵。枝角类的培养规模可视需要确定。

1. 规模培养

● 一般家庭养鱼可用养鱼盆、玻璃缸等作为培养器具。如用直径 85 厘米的养鱼盆，先在盆底铺 6 ~ 7 厘米厚的肥土，注入自来水约八成满，再把培养盆放在温度适宜又有光照的地方，使菌类、藻类大量滋生繁殖，然后引入枝角类 2 ~ 3 克作为种源。经数日即可繁殖后代，其产量视水温和营养条件而不同。

● 当水温为 16 ~ 19 摄氏度时，经 5 ~ 6 天即可捞取枝角类 10 ~ 15 克；当水温低于 15 摄氏度时，繁殖极少。

● 培养过程中，培养液肥度降低时，可用豆浆、淘米水、尿肥等进行追肥。另外，也可用养鱼池里换出来的“老水”作为培养液，因这种水内含有各种藻类，都是枝角类的好食料，故培养效果较好，但水中的藻类也不能太多，多了反而不利于枝角类取食。

2. 大规模培养

● 适用于观赏鱼养殖场，因为生产商品性观赏鱼时，需要枝角类的数量较多，宜用土池或水泥池大规模培养。

● 面积大小视需要决定，但池子的深度要达 1 米左右，注水七八成满，加入预先用青草、人畜粪堆积发酵的腐熟肥料，按每平方米水面 1 千克的数量施肥，使菌类和单细胞藻类大量滋生，然后投入枝角类成虫作为种源，经 3 ~ 5 天培养后，见到有大量鱼虫繁殖起来时，即可捞虫喂鱼。

● 捞取鱼虫后应及时添加新水，同时再施追肥一次，如此继续培养陆续捞取。只要水中溶氧量充足，pH 值为 7.5 ~ 8.0，有机物耗氧在 20 毫克 / 升左右，水温适宜，枝角类的繁殖就会很快，产量就会很高。

螺旋鱼腥藻的培养

螺旋鱼腥藻是螺旋藻中个体较大的种类，含蛋白质、脂肪、维生素的数量均较高，含有鱼类所必需的氨基酸，用其干粉加入人工合成的饵料喂鱼，可加快鱼的生长速度，提高繁殖能力，使鱼体色泽艳丽。现将室内、室外培养螺旋鱼腥藻的技术介绍如下：

1. 室内培养

● 将磷肥 : 生石灰 : 牛粪 : 塘泥 : 井水按 0.1∶0.1∶1∶100∶1 000 的比例配制的培养液，放入内径 30 厘米、深 20 厘米的玻璃圆形水槽内，再将水槽放入能进入自然光的玻璃橱内。水槽上装有 2 只 40 瓦日光灯管，约距液面 20 厘米。

● 待培养液的温度接近于藻种液温度时再放入藻种。每槽放入每毫升含 30 万～50 万个藻体的藻种液 40～50 毫升，使槽内的浓度为每升含 300 万个左右的藻体为宜。

● 培养槽水温为 24～28 摄氏度，一般经 5～7 天培养即可收获。收获量约相当于表层水花 1/3～2/3（60～120 毫升）的藻液，然后加入与收获量相等的水。一般每槽收获 3～5 次后，应换槽配新的培养液重新培养。

● 配制培养液的塘泥，以含水量在 20%～40% 的黑塘泥为好。要求选择水源干净的塘泥。同时注意在采集、注水、接种和收获过程中避免污染，以防带入有碍藻体繁殖的生物，一旦发现，应及时清除。

2. 室外培养

● 用池塘培养时，先排干池水，每 667 平方米用生石灰 75 千克左右清塘。然后再将 750 千克牛粪均匀地撒在池底，塘泥也要撒匀，再注入新水约 0.5 米深。待水温稳定在 20 摄氏度以上时，即可投放种源。经 7～10 天，即出现螺旋鱼腥藻水花，到大量形成时，水花呈翠绿色絮状。

● 室外培养藻池的水质状况是：每升水内含生石灰 0.15 克，牛粪 0.99 克，磷肥 0.1 克，与室内培养液的配制比例基本一致，均在螺旋鱼腥藻的适宜范围之内。

● 培养池开始投放种源时，水温易高，水位宜浅，一般 0.5 米深即可。待水花形成后，再注水加深水位，并按加入的水量补充肥料。施基肥时要一次施足，用量按 0.5 米的水深计算用肥。

● 螺旋鱼腥藻繁殖盛期，在烈日下死亡很快，死藻体分解时会消耗氧气，同时其产物会影响水质，也会引起鱼类浮头，此时应及时排除旧藻体，并注入新水来解救。大量浮游动物或其他藻体生长时，应及时捞出，以免影响螺旋鱼腥藻的生长。

第五讲　温室、大棚养殖观赏鱼的病害防治

温室、大棚养殖的观赏鱼长期生活在优越的环境中，对水质管理的要求较严格、细致，种苗淘汰率高，与外界接触少，交叉感染疾病的机会少，而且受外界气候、饲养条件变化的干扰少，故抗病能力较差。如果生活环境发生变化，就可能不利于观赏鱼类的生长发育，当观赏鱼的机体适应能力逐渐衰退而不能适应环境时，就会失去抵御病原体侵袭的能力，导致疾病的发生。所以，要养好观赏鱼，必须了解观赏鱼的发病原因及防治措施。

话题 1　观赏鱼病发生的原因及预防措施

观赏鱼病发生的原因

1．水质较差

● 养殖用水选择不当，水中含有较多的有毒、有害物质（硫化氢、重金属等）、病原体和其他敌害生物，未经水质化学分析和净化处理

即用来养殖观赏鱼。

● 养殖过程中，水质管理不当，其中最主要的是水温不适宜或水质不清新。鱼是变温动物，由于观赏鱼养殖的水体通常较小，温度极易突然变化，导致观赏鱼抗逆性下降，发生疾病。如果水体中粪便、残饵等有机物累积过多，氨氮、亚硝酸盐等有毒物质含量超出观赏鱼的耐受范围，各种病原体极易滋生。长期这样，观赏鱼食欲下降，体质消瘦，极易生病。

● 水体中 pH 值、硬度和溶解氧等偏离观赏鱼需求的适宜范围过大，均可能引起鱼类免疫力下降而得病。

2. 苗种搭配与放养密度不合理

在同一养殖池中，将大小相差悬殊，性情凶猛或攻击性强的鱼与性情温和、好静的鱼混养在一起，造成大欺小、强欺弱、动搅静，从而使弱者抢不到食物，造成营养不良，同时凶猛的鱼侵袭温顺的鱼，可能致伤致残，从而引发鱼病。如果放养密度过大，会导致鱼类严重缺氧，进食少，消耗大，体质虚弱而易发病。

3. 饵料质量差，投喂不当

● 养殖观赏鱼所用的活饵料不新鲜、发霉、变质或带有病原体时，易引发疾病。采用人工配合饲料，如果饲料营养成分不全面，或霉败变质也很容易引起营养缺乏症或肠炎。饵料颗粒过大或过小或入水极易散开，也会败坏水质，影响鱼的生长。

● 饵料投喂量不稳定或不能及时投喂，致使观赏鱼经常处于过饥或过饱状态，损伤肠胃，降低肠道消化吸收机能，极易造成观赏鱼营养不良、免疫力下降，最终鱼体衰弱而致病或死亡。

不知为啥最近老死鱼。
主要是水质太差了。

4. 操作不当，引起机械损伤

来自外界的各种对观赏鱼的刺激，如换水、加水、分池、捕捞和运输等都会引起鱼的应激反应，在此类过程中操作不当，极易造成机械损伤，引起机体免疫力下降，对水体中存在的病原体的易感性大大增加，极易引发疾病或死亡。

5. 各种病原体侵袭

● 致使观赏鱼生病的病原体处处存在，但只要处理得当，不会有大的危害。观赏鱼的病原体基本可分为微生物和寄生虫两大类。如果水中或鱼体上存有大量病原体，观赏鱼就会得病。

● 有些敌害生物还会吞食观赏鱼或间接危害观赏鱼。另外，购买苗种时未经过严格选择，引种交流时缺乏免疫，致使病原体交叉传播，从而产生新的疾病。

6. 滥用药物

日常水体、鱼体和工具等的消毒及防病过程中，所选用的药物不当、用量或施用方法不合理等，均可能破坏水中的生物种群平衡，间接造成鱼体不同程度的药物中毒，而且也会诱发病原体的抗药性。

观赏鱼病预防措施

1. 保持水质优良

俗话说：养鱼先养水。水质差，则病菌多，氧气少，甚至还会产生一些有毒气体，对观赏鱼吃食、生长不利，时间长了，观赏鱼必然会得病。所以要保持水质清爽。

2. 防止鱼体受伤

- 在进行观赏鱼分养、捕捞和倒池等操作时，要做到小心、细致，避免鱼体受伤。
- 捕捞时避免观赏鱼离水时间过长。
- 换水或加水时，防止水流过快而击伤鱼体。
- 挤卵、精时，动作要轻柔。

3. 保证饵料质量，投喂定时定量

- 饵料质量不仅关系到观赏鱼的生长发育，而且关系到观赏鱼体色能否艳丽，要按照鱼的食性投喂。
- 饵料要新鲜、清洁、适口，发霉变质的饵料不能喂。
- 不要到鱼塘捞鱼虫，以免带入病原体。
- 投喂要根据鱼体大小、摄食和生长情况，定时定量投喂。

话题2 主要疾病防治技术

病鱼判断

观赏鱼在发病初期常有特殊表现，依此可尽早知道观赏鱼有病。

● **食量减少** 天气、水质正常情况下，观赏鱼吃食量突然减少，多是发病的前兆。

● **游动异常** 有的鱼浮在池子一角发呆，反应迟钝或没有反应，有的急躁、速游、旋转，或擦碰池底箱壁。这样的鱼一般都有病，要及时捞出仔细检查。

● **体表异常** 观赏鱼体色暗淡无光或变色（如发白、发乌），皮肤红肿、充血、黏液多、脱鳞，鱼鳍残损或者舒展无力，特别是尾鳍末端有腐烂现象。

● **有氧浮头** 在不缺氧的情况下，观赏鱼有浮头现象，这样的鱼可能有鳃病，应捞出检查鳃部。

疾病治疗原则

1. 治疗的总体原则

“随时检测、及早发现、科学诊断、正确用药、积极治疗、标本兼治”是观赏鱼病治疗的总体原则。

2. 治疗的用药原则

（1）了解药物性能、科学选药

● 要考虑用药的目的，是一般消毒还是治疗鱼病。用于治疗观赏鱼病的药物很多，有外用消毒药、内服驱虫药和氧化性药物，还有部分农药及染料类的药物。各种药物的理化性质不同，对鱼病的治疗效果及施用方法也各不相同。若观赏鱼已发生病害，应根据症状认真诊断。只有诊断后，方能有针对性地选用药物和给药方法。

● 要把握用药趋势，尽量选用三效（高效、速效、长效）、三小（毒性小、副作用小、剂量小）的新药和中草药，有条件的以选用中草药为好，其药源广，取材方便，成本低，不易产生抗药性。

● 在治疗观赏鱼病中，即使能对症下药，用法也比较正确，但是如果忽视药物的特性，也可能达不到预期的治疗效果。例如：漂白粉放置时间过长或保存不当，其有效氯的含量会降低，甚至失效，因此要进行必要的测定后方能使用，否则，其治疗效果可能会令人失望；高锰酸钾是强氧化性药物，在强光的照射下 3 分钟左右即失效，因此需避光保存，使用时要现配现用；硫酸亚铁若变成土黄色或红褐色则会失去效果；敌百虫和石灰同时使用时，就会产生部分敌敌畏，这是一种剧毒物质，对观赏鱼类有极强的毒害作用。

（2）对症下药

● 针对观赏鱼所患的疾病，确定使用药物及施药方法、剂量，才能发挥药物的作用，达到药到病除的效果。

● 在观赏鱼养殖中，往往会发生几种鱼病并发的现象，尤其是部分寄生虫感染后，会继发性感染某些病毒性或细菌性疾病。在这种情况下，应采取“先急后缓、先主后次”的方针，即先确定危害严重的疾病，首先施用药物，当这种疾病好转后，再着手治疗次要疾病。如果治疗没有主次、先后之分，同时施用几种药物，有可能毒害观赏鱼类而造成死亡。

● 几种药物同时使用时，相互之间可能发生理化作用，对治疗疾病失去效果。

（3）准确计算药量

●防治观赏鱼病，必须根据诊断结果，正确地测量养殖水体的面积和水深，计算出水体体积，准确地估算观赏鱼的质量，从而计算出用药量，这样才能既安全又有效地发挥药物的作用。

● 养殖环境的变化，如水质的好坏等因素，对药物的作用和施药量也有一定的影响。可根据实际情况，酌情减少或增加用药量。

● 在遍洒药物时，最好在喂食后下药，同时要将药物完全溶解后施用，以免观赏鱼因饥饿而吞食溶解不完全的药物颗粒，造成误食后中毒死亡。

（4）观察疗效、总结经验

● 在施用药物后，要认真观察、记录观赏鱼的活动情况及病鱼死亡情况。

● 在施药的 24 小时内，要随时注意观赏鱼的动态，若发现不正常情况，应及时采取适当措施；如果一切正常，则需观察并记录患病观赏鱼的死亡情况，以分析和总结防治鱼病的经验，不断提高防治技术。如果在用药后 7 天内鱼停止死亡，则表明药物疗效显著；如果死亡数比用药前减少，表明有疗效；如果死亡数不减或增加，表明无效。

● 口服药物饲料仅能治疗或预防病情较轻的观赏鱼，对已丧失食欲的观赏鱼则没有效果；全池泼洒药物治疗时，病情严重的观赏鱼可能在用药后 1 ~ 2 天内死亡数量明显增加，这属于正常现象，是药物刺激的必然结果。因此，不能仅在用药 1 ~ 2 天后见到观赏鱼还在死亡，就判断药物无效而改换其他药物，也不能一天施一种药，天天换药，或者急于求成，随意增加药量，这会致使观赏鱼病情更加严重，损失更大。

疾病的治疗方法

1. 药浴法

● 又称浸泡法，主要防治观赏鱼体表疾病和鳃病。这种方法是将病鱼放在事先配制好的药液中浸洗一段时间，而后捞出，放回水中。

● 药浴时应先用少量鱼做试验，观察反应，在全群治疗时，发现任何不良反应，都要停止治疗，应赶快捞到清水中解救。

● 药浴时要求水中溶氧充足，避免温度波动，治疗前病鱼停喂 12 ~ 48 小时，减少耗氧量。药液要现用现配。

2. 遍洒法

● 根据鱼池中水体的多少准确计算出用药量，然后将称量好的药物加水制成溶液，均匀地泼洒到全池中去，达到防治鱼病的目的。此法与药浴法相比操作简单，要求药液的浓度较低，使鱼能长时间忍受。

● 使用遍洒法防治鱼病，一定要准确计算用药量，一旦用药超量，可能会造成全池观赏鱼中毒死亡。

3. 口服法

● 病鱼能吃食时可以内服药饵。将药物掺入饵料中，制成药饵投喂，从而达到防治鱼病的目的。

● 药饵通常要制成颗粒状或片状才不会散失，而且要现用现配，以免失效。这种方法一般只用于鱼病预防和鱼病的早期治疗，一旦观赏鱼病重丧失食欲，此法就不起作用了。

4. 注射法

多用于抢救病情较重的亲鱼，效果较好。一般采取肌肉注射或腹腔注射。

● **肌肉注射** 注射部位在背鳍基部。注射时，一手轻握鱼体，另一手拿注射器，沿鳍条伸展方向刺入针头，深度约 1 厘米，然后徐徐推入药液，完毕后，将鱼放回隔离池（缸），以观后效。

● **腹腔注射** 注射部位在胸鳍基部，注射时，一人将鱼体腹部朝上托出水面，另一人一手扶住胸鳍，使其向前方伸展，露出基部凹陷部位，另一手握住注射器，针头朝向鱼头前方，与鱼体呈 15° ~ 60° 刺入针头，深度约 0.5 厘米，然后缓缓推入药液，之后放回鱼池。

用注射法给病鱼治疗，药液的量不能太大，一般以 1 毫升左右为好。在注射过程中，如遇到病鱼挣扎、扭动，应快速拔出针头，不要强行注射，以免针头划伤观赏鱼皮肤造成出血发炎。要待观赏鱼安静后再接着注射。

5. 局部治疗

治疗外伤及身体表面感染，做局部外伤涂擦治疗。

话题3 常见疾病的治疗

病毒引起的疾病

1. 痘疮病（又名淋巴囊肿病毒症）

（1）病原体 疱疹病毒。

（2）症状

● 发病初期，病鱼的皮肤表面出现许多小的乳白色斑点，表面滑腻，随着病情的发展，这些白色斑点的数目逐渐增多，区域扩大，患病部位的表皮逐渐增厚，有时厚度可达1～5毫米，形成石蜡状的增生物，表面组织由柔软变成软骨状的结缔组织。

● 这些增生物增长到一定程度后，会自动脱落，接着又在原位置重新出现新的增生物。这些增生物如果占了鱼体表面积的大部分，就会严重地影响鱼的正常生长，使鱼体消瘦，游动迟缓，甚至死亡。若增生物不多，对鱼影响不大。

（3）流行及危害 一般秋、冬季是主要的流行季节，水温15摄氏度左右时出现病例。当年的锦鲤和红鲤对此病很敏感。

（4）防治方法

● 让受侵害的鱼生活在干净、健康的环境里，8～12周以后症状自然消失。症状也可能再次出现，但是真正健康的鱼身上几乎不可能复发。

● 可用左旋体氯霉素治疗，小鱼可用浓度为 0.225 毫克 / 升的药液浸洗，个体大的鱼可以注射此药，均能获得一定的疗效。

2. 鲤春病毒病

（1）病原体 鲤春病毒又名血症病毒。

（2）症状 病鱼无目的地漂游，体黑眼突，皮肤和鳃渗血，腹部肿大，有腹水，肛门红肿，内脏器官出血明显，无外部溃疡及其他细菌病症状。

（3）流行及危害 锦鲤较易感染，常发于春季，水温 13 ~ 22 摄氏度的环境下病发后大量死亡，死亡率高。

（4）防治方法

● 检出后全面扑杀，同池其他养殖对象在隔离场或其他指定地点隔离观察。

● 养殖场所用二氯异氰脲酸钠或二氧化氯等全面消毒。

● 药浴预防，用含碘量 100 毫克 / 升的碘伏洗浴 20 分钟。

● 治疗时注射鲤春病毒疫苗并合理控制养殖密度，使用水质改良剂，保持良好的养殖环境。

3. 出血病

（1）病原体 呼吸弧病毒。

（2）症状

● 病鱼的体表发黑无光泽，眼眶、口腔、鳃盖、鳍条基部都充血；解剖后，内脏、肌肉亦有充血现象；鳃丝呈鲜红的点状或斑块状充血。

注射了左旋体氯
霉素就没事了。

● 严重的病鱼，因其他器官和组织大量充血，使鳃失血而苍白，表现出白鳃。

● 病鱼食欲不振，行动迟缓，常离群独游或回旋慢游，体质消瘦，肌肉萎缩，最终死亡。

（3）流行及危害　发病季节多在6—10月，水温在25～30摄氏度最为流行，死亡率颇高。

（4）防治方法

● 充分照射阳光并降低水温至25摄氏度以下，持续10天左右可见疗效。

● 用中药大黄浸取液进行水浴。

● 用大黄和枫香树叶0.25～0.5千克研成粉末，经煎煮或热开水浸泡后，配以饵料制成药物饵料喂饲病鱼，连续5天，同时在池中连续2天施用敌菌灵0.6毫克/升。

● 用红霉素10毫克/升浸洗50～60分钟，再用呋喃西林0.5～1.0毫克/升全池遍洒，10天后再用同样浓度全池遍洒，有一定的疗效。

细菌引起的疾病

1. 细菌性烂鳃病

（1）病原体　鱼害黏球菌或其他细菌。

（2）症状

● 病鱼鳃部常充满黏液，鳃丝粉红或苍白，有时腐烂并带有污泥，严重时鳃丝和鳃盖骨内表皮均有出血现象，中间部分的表皮腐蚀成一个略成圆形的透明区，俗称“开天窗”，软骨外露。

● 由于鳃丝组织被破坏造成病鱼呼吸困难，常游近水面呈浮头状，病情严重的病鱼在换水后仍有浮头现象。

（3）流行及危害　水温在 20 摄氏度以上即开始流行。流行季节在春末夏初和夏末秋初。

（4）防治方法

● 养鱼池及所有的用具，用 8 毫克 / 升的漂白粉溶液消毒灭菌。

● 用 2% 食盐水溶液浸洗可很好地防止该病的发生。

● 治疗时，将病鱼放入 20 毫克 / 升的呋喃西林或呋喃唑酮溶液中浸泡 10 ~ 20 分钟，或用 2 毫克 / 升的呋喃西林，或 1 毫克 / 升的漂白粉，或 2 ~ 4 毫克 / 升的五倍子全池遍洒消毒治疗。

2. 细菌性肠炎

（1）病原体　点状产气单胞杆菌，主要是吃了不清洁的食物或摄食过饱、肠道胀饱、排泄受阻，最后因细菌感染引发肠炎。

（2）症状

● 病鱼呈现呆滞、行动缓慢、离群、厌食甚至失去食欲的现象，鱼体发黑，头部、尾鳍更为明显，腹部膨大，出现红斑，肛门突出，体肌作短时间的抽搐，粪便白色。

● 剖开鱼腹，可见腹腔积水，肠壁充血发炎，轻者仅部分肠道出现红色，严重时全肠呈紫红色，肠内无食物，充有淡黄色的黏液和血脓。

（3）流行及危害 多见于4—10月，各龄观赏鱼各季节均有发生。

（4）防治方法 治疗肠炎的方法较多。市场销售的药物也较多，内服药如纳克菌、鱼服康和磺胺胍等，外用药如浴菌洁、呋喃西林、庆大霉素、土霉素和痢特灵等。药物经稀释后泼洒或浸浴，均能取得较好疗效。

3. 白皮病（又称白尾病）

（1）病因 由于水质不洁或因捕捞、运输、放养、倒池时操作不慎，使鱼体受伤，导致病原菌感染。

（2）病原体 为一种革兰氏阴性杆菌，称为白皮极毛杆菌。

（3）症状

● 发病开始时，只在背鳍基部或尾柄处出现一小白点，随即迅速扩大，从鱼体背鳍向后蔓延，以致背鳍与臀鳍间的体表至尾鳍全部发白。

● 随着病情加剧，病鱼游泳能力明显减弱，体躯平衡失控，头部朝上，尾鳍朝下，与水面垂直作上下游动和挣扎，不久即死亡。

（4）流行及危害 每年5—8月间为此病流行季节，鱼发病后2～3天即死亡，死亡率极高。

（5）治疗方法

● 用12.5毫克/升的金霉素，或25毫克/升的土霉素水溶液浸洗30分钟。

● 用1毫克/升的漂白粉或2～4毫克/升的五倍子泼洒于池中

消毒治疗。

● 5 毫克 / 升光合细菌全池泼洒，兼有预防、治疗及改善水质的作用。

4. 白头白嘴病

（1）病原体 黏球菌。

（2）症状

● 发病时，病鱼的额部和嘴部周围的细胞坏死，色素消失表现出乳白色，病变部位发生溃烂，有时带有灰白色绒毛状物，因而呈现“白头白嘴”症状。

● 病鱼在水面游动时，症状尤为明显。当病鱼离水后，症状不显著。

● 严重的病鱼，病灶部位发生溃烂，个别病鱼头部出现充血现象，有时还表现出白皮、白尾、烂尾、烂鳃或全身多黏液等病变反应。

● 病鱼一般体瘦、发黑，呼吸加快，食欲不振，游泳缓慢，不断地浮出水面，不久即死亡。

（3）流行及危害 此病是一种暴发性疾病，发病极快，传染迅速，一日之间可全部死亡。此病流行的季节性比较明显，一般在 5 月下旬至 7 月上旬，6 月为发病高峰。

（4）防治方法 防治时可用 1 毫克 / 升漂白粉洒入鱼池作消毒处理，或用 0.5 ~ 0.7 毫克 / 升西力生（含 2.5% 氯化乙基）泼洒，效果都很好。

5. 出血性腐败病（又称赤皮病、赤皮瘟）

（1）病原体 荧光假单胞菌。

（2）症状

● 病鱼体表局部或大部分出血发炎，鳞片脱落，特别是鱼体两侧和腹部最为明显，背鳍或全部鳍条基部充血，鳍条末端腐烂，鳍条间的组织也被破坏，呈破烂的纸扇状（又称蛀鳍）。

● 有时病鱼的上下颚和鳃盖部分充血，出现块状红斑；有时也充血发炎。在鳞片脱落处和鳍条腐烂处往往长有水霉。

（3）流行及危害　此病流行区域比较广，且终年可见，常与烂鳃、出血症并发。当鱼体受伤时，致病菌乘机侵入鱼体，容易发生此病。当冬季水温极低时，鱼体皮肤也会因冻伤而发生此病。

（4）防治方法

● 注意饲养管理，操作小心，尽量避免损伤鱼体，可用 1% 食盐水，或 5 毫克 / 升的呋喃唑酮，或 2 毫克 / 升的高锰酸钾，或 2 毫克 / 升的漂白粉浸浴。

● 治疗用 20 毫克 / 升呋喃西林或呋喃唑酮浸洗；或用 0.2 ~ 0.3 毫克 / 升呋喃西林或呋喃唑酮全池遍洒；或用 20 毫克 / 升利凡诺浸洗或 0.8 ~ 1.5 毫克 / 升全池遍洒。

6. 竖鳞病（又称立鳞病、松鳞病、松皮病）

（1）病原体　水型点状极毛杆菌。

（2）症状

● 病鱼体表粗糙，多数病鱼尾部部分的鳞片像松果似地向外张开，鳞片基部的鳞囊水肿，它的内部积聚着半透明或含有血的渗出液，以致鳞片竖起。

俺得了竖鳞病，听说这病不太好治。

● 在鳞片上稍加压力，有液状物从鳞囊喷射出来，鳞片也随之脱落，有时伴有鳍基和皮肤表面充血，眼球突出，腹部膨胀等症状。

● 病鱼游动迟钝，呼吸困难，身体侧转，腹部向上，2 ~ 3 天后即死亡。

（3）流行及危害 当水质不清洁，光照不足，水中缺氧，饲养水温过高，以及鱼体鳞片被划破等情况下易患此病。金鱼、锦鲤常患此病，每年春季较流行。此病难以治愈，即使治愈，观赏鱼的色彩、光泽、体态都不如以前好看。

（4）防治方法

● 保持池水清洁，严格控制换水温差（不超过 2 摄氏度），能有效防治该病。

● 治疗时可将病鱼浸入浓度为 20 毫克 / 升的四环素溶液中洗浴 1 小时；或用 2% 的氯化钠溶液与 3% 碳酸氢钠溶液混合洗浴 10 ~ 15 分钟，然后放入含微量食盐（1/10 000 ~ 1/5 000）的嫩绿水中静养；用 20 毫克 / 升呋喃西林溶液浸洗，或 1 ~ 2 毫克 / 升呋喃西林溶液全池泼洒，坚持数日均可见效。

7. 烂鳍病

（1）病原体 嗜水气单胞菌。

（2）症状 最初，鳍的边缘出现轻微的不透明外观。然后膜一片片地脱落，暴露出鳍刺，鳍刺开始依次裂开，以尾鳍最为严重。当裂缝到达身体时，受侵害的鱼通常都会死亡。

（3）流行及危害 一年四季都有发生，夏季往往会引起病鱼死亡，水温低时，整个尾鳍烂掉，病鱼虽活着，但失去观赏价值。

（4）防治方法

● 保持水质清爽可在一定程度上防止该病的发生，对于冷水鱼类的治疗，水温至少应该升高到 16 摄氏度。

● 早期治疗可用 1% 的孔雀石绿涂抹鳍条，每天一次，连续多日，再用 1 ~ 2 毫克 / 升呋喃西林全池泼洒；也可用 10 毫克 / 升的青霉素或金霉素或氯霉素浸洗病鱼，每天 30 ~ 50 分钟，至痊愈为止。

● 病情严重的观赏鱼可全部淘汰。对于亲鱼可用剪刀剪去溃烂的鳍条，用上述药物处理，2 ~ 3 个月后鱼鳍可重新长好。

8. 打印病（又称腐皮病）

（1）病原体 为点状产气单胞菌的点状亚种，属革兰氏阴性菌。

（2）症状

● 病鱼通常是肛门附近的两侧或尾柄部位（极少数在身体前部）的皮肤、肌肉开始发炎，出现红斑，有时似脓疱。

● 随着病情发展，该部位的鳞片脱落，肌肉逐渐腐烂，形成边缘充血发红、呈圆形或椭圆形病灶，边缘光滑，分界明显，好像打上一个红色印记，故称为打印病。

● 病鱼身体瘦弱，游泳迟钝，发病严重时，可陆续出现死亡。

（3）流行及危害 当水质不清洁或鱼体受损伤时，常会感染此病。没有明显的流行季节，夏季水温 28 ~ 32 摄氏度时是流行高峰期。

（4）治疗方法 可参照由革兰氏阴性杆菌引发的鱼病的治疗方法。

真菌引起的疾病

1. 水霉病（又称肤霉病、白毛病）

（1）病原体 分为水霉属、绵霉属、异霉属、丝囊霉属和腐霉属等种类。

（2）症状

● 当捞捕、运输观赏鱼时，稍微不慎，使鱼体皮肤受伤，寄生虫侵袭破坏的皮肤，霉菌的孢子侵入伤口，吸取养料，迅速萌发，菌丝一端向内深入肌肉，另一端向外生长，形成棉絮状菌丝。

● 霉菌刚寄生时，肉眼不易发现；待肉眼见到时，菌丝已从鱼体伤口侵入，由外向内生长。菌丝与伤口的细胞组织缠绕黏附，使组织坏死。由于棉絮状的菌丝日渐增多，鱼体负担过重，使得游泳失常，食欲减退，日渐瘦弱，导致死亡。

● 受霉菌感染的鱼体，通常皮肤布满一层白翳，尤其是黑色、红色的鱼最为明显，从而失去鱼体应有的光泽。随后活动迟钝，常呈呆滞状，浮于水面，若不及时治疗，鱼体霉菌蔓延，患处肌肉腐烂，食欲减退，最终导致死亡。

（3）流行及危害 水霉病一年四季均可出现，以初春和晚冬最常见。观赏鱼感染霉菌时，受光照时间长短的影响。较长时间的阴雨连绵，或室内灯光、日光等光源不足，这些因素都能促使霉菌的滋生。

（4）防治方法

● 为了防止水霉病的发生，应注意操作时尽量防止鱼体的损伤和寄生虫咬伤，可在水中投入少量食盐，以抑制水霉病的发生。

● 发现鱼体感染水霉病时，可用 3% 食盐水浸洗，每天 1 次，每次 5 ~ 10 分钟；或用 2 毫克 / 升的高锰酸钾加 1% 食盐溶液、2 ~ 3 毫克 / 升的孔雀石绿溶液、2 ~ 3 毫克 / 升的亚甲基蓝溶液和 5 毫克 / 升的呋喃西林溶液浸洗 10 ~ 30 分钟，连续数天，可见菌丝脱落，逐渐痊愈；或用 0.02 毫克 / 升的孔雀石绿溶液和 0.3 毫克 / 升的甲醛溶液直接泼洒入池，以抑制霉菌的滋生。

2. 鳃霉病

（1）病原体 为鳃霉菌感染所致。

（2）症状

● 病鱼的鲜红鳃丝变成粉红色或苍白色，显示出严重的贫血状态，有时有点状充血或出血现象。

● 随着病情的发展，呼吸机能受到严重阻碍，直至引起病鱼死亡。

● 病程往往表现为急性型。当开始发病时，发现少数鱼死亡，但到第 2 或第 3 天，会突然出现大批量死亡。

（3）流行及危害 当水质不清洁时，因有机质过多而使水体变质时，最适宜鳃霉菌的大量繁殖。

（4）防治方法

● 鳃霉病尚无较好的治疗办法，主要靠平时注意做好预防工作，保持水质的洁净和用水的预先消毒。

● 治疗方法可以参照水霉病的治疗方法。

寄生虫性疾病

1. 黏孢子虫病

（1）病原体 由黏孢子虫引起，是在海水及淡水鱼类寄生虫中种类最多、最为常见的一类孢子虫。黏孢子虫是比较微小的一类寄生虫。

（2）症状

● 黏孢子虫以寄生于热带观赏鱼的皮肤、鳃和肠道等部位较常见。

● 寄生在皮肤和鳃的黏孢子虫，其孢囊最后被成熟的大量孢子挤破，使孢子直接散布在水中，重新侵入别的鱼体，开始重复它的生活史。

● 寄生在肠道内的黏孢子虫，可通过各器官的排泄管和分泌管输出。病症不太严重的病鱼，往往作波浪式旋转活动，表现出极度疲乏无力的样子。严重的病鱼，在水中离群独自急游打转，经常跳出水面，又钻入水中，如此反复多次，终至死亡，此病也称疯狂病。

（3）防治方法

● 黏孢子虫病在国内外流行，虽然相当普遍和严重，但至今仍未有比较有效的控制方法。防治方法多采用生石灰和石灰氮为养殖器具消毒。

● 对病鱼采用 10 毫克 / 升的高锰酸钾，或 2% 食盐水，或 8% 硫酸铜溶液浸洗 15 ~ 20 分钟，也可用 1%敌百虫浸洗 3 ~ 9 分钟，对杀死鱼体上的黏孢子虫有一定疗效。

2. 小瓜虫病（又称白点病）

（1）病原体 为凹口科小瓜虫属多子小瓜虫。

（2）症状

● 观赏鱼因小瓜虫寄生而发病的病例较为普遍。鱼体感染初期，胸、背、尾鳍和体表皮肤均有白点状分布，此时病鱼照常觅食活动，几天后白点布满全身，鱼体失去活动能力，常呈呆滞状，浮于水面，游动迟钝，食欲不振，体质消瘦，皮肤伴有出血点，有时左右摆动，游泳逐渐失去平衡。

● 病程一般为 5 ~ 10 天。传染速度极快，若治疗不及时，短时间内可造成大批死亡。

（3）流行及危害 小瓜虫的适宜水温为 15 ~ 25 摄氏度。此病多在初冬、春末和梅雨季节发生，尤其在缺乏光照、低温、缺乏活饵的情况下容易流行。当水温升至 28 摄氏度时，小瓜虫就开始死亡。

（4）防治方法

● 多针对小瓜虫不耐高温的弱点，提高水温，再配备药物治疗，通常治愈率可达 90%以上。若治疗及时，治愈率可达 100%。

● 治疗用 0.05 毫克 / 升的孔雀石绿和 25 毫克 / 升的甲醛溶液混合处理，疗效较好；也可用 1%盐水浸泡数天；或用 2 毫克 / 升的甲基蓝溶液，每天浸泡 6 小时；或用 28 ~ 30 摄氏度的 2 毫克 / 升的盐酸奎宁药液浸泡 3 ~ 5 天；或用 2 毫克 / 升的硝酸亚汞药液浸泡 30

提高水温是对付小瓜虫的好办法。

分钟；或用 50 ~ 70 毫克 / 升浓度的红汞溶液浸泡 5 ~ 15 分钟；或用 0.1 ~ 0.2 毫克 / 升的硝酸汞溶液泼洒，均可取得良好效果。

3. 斜管虫病

（1）病原体 属管口科斜管虫属。

（2）症状

● 主要寄生于皮肤和鳃上。斜管虫身体比小瓜虫小得多，肉眼看不见，也没有白点等症状表现。

● 鱼体感染的部位分泌大量黏液，严重时鱼体病灶部分的皮肤形成苍白色和蓝灰色黏膜层。受侵害的鱼在硬物上摩擦，合拢鳍。由于皮肤和鳃的组织受到破坏，容易感染细菌。

● 病鱼体质消瘦，体色变黑，呼吸功能受阻，食欲不振，最终导致死亡。

（3）流行及危害 斜管虫繁殖的适宜水温为 12 ~ 18 摄氏度，在冬春季节易于流行。幼鱼对此虫最敏感，往往会引起严重死亡。

（4）治疗方法

● 可将鱼放入 1% 的盐水中 10 ~ 15 分钟，然后把鱼放回干净的水里，治疗热带鱼温度最好在 28 ~ 30 摄氏度。

● 也可用 8 摄氏度的硫酸铜溶液浸泡 30 分钟，或用 0.7 毫克 / 升的硫酸铜和硫酸亚铁 (5 ： 2) 混合溶液在池中遍洒，均可见效。

4. 车轮虫病

（1）病原体 为壶形科车轮虫属和小车轮虫属等两属十多种。种类多，分布广，一年四季都可出现。

（2）症状

● 可以寄生于海水及淡水鱼类的体表、鳃部和鼻孔等处。侵袭皮肤的车轮虫体形比较大，侵袭鳃瓣的车轮虫体形比较小。当大量车轮虫侵入鱼体时，病鱼分泌大量黏液，形成一片白斑。

● 病鱼食欲减退，体色变淡，体质消瘦，游泳缓慢，离群独游，浮出水面，严重影响鱼的生长发育。尤其是侵入鳃器中的虫体，破坏鳃组织，引起细菌感染，使鳃丝腐烂，造成窒息死亡。

（3）流行及危害　此虫对幼鱼危害最大。一般在面积小、水较浅、密度大、水质较脏的水体中最容易发生，常造成大批鱼苗死亡。大鱼虽有车轮虫寄生，通常不会死亡，但生长发育受到影响。车轮虫的繁殖温度为 20 ～ 28 摄氏度，和热带鱼的适宜水温相一致，因此对热带鱼的危害比其他鱼更为严重。

（4）防治方法

● 可用 2%食盐水浸泡病鱼 15 ～ 20 分钟，或用 8%硫酸铜溶液浸泡 15 分钟，或用 0.7 毫克 / 升的硫酸铜泼洒。

● 可用 0.7 毫克 / 升的硫酸铜和硫酸亚铁 (5 ∶ 2) 合剂洒入鱼池，可取得一定疗效。

5. 指环虫病

（1）病原体　为指环虫科、指环虫属的许多种。指环虫系雌雄同体的卵生吸虫，虫卵的孵化时间依温度的高低而定。在 28 ～ 30 摄氏度的水温中，1 ～ 3 天可孵化发育成纤毛幼虫，附着于鱼鳃上发育成为成虫。虫体有可感觉光线明暗的眼点，如果遇到鱼的阴影出现，虫子就会追逐前往附着于鱼的体表，先栖在表皮，1 ~ 2 天可爬到鳃部。

（2）症状

● 病鱼初发病时症状不明显，随着寄生虫体的增多，鳃丝组织遭到破坏，鳃盖上的黏液不断增加，鳃部明显浮肿，鳃盖微微张开而难以闭合，鳃失血后鳃丝转为暗灰色或苍白色，精神呆滞，游泳缓慢。

● 严重时停止摄食，呼吸困难，逐渐消瘦、虚弱，最终因呼吸受阻而窒息死亡。

（3）流行及危害 指环虫分布很广，在夏、秋季流行，指环虫病在鱼种阶段发病率较高，对幼鱼杀伤力颇大，但对健康的成鱼并无大害。

（4）防治方法

● 鱼虫投喂前要漂洗，外来观赏鱼用高锰酸钾浸洗后再放入鱼池，可起到很好的预防作用。

● 治疗可用高锰酸钾 20 毫克 / 升水溶液浸洗，水温 10 ~ 20 摄氏度时浸洗 20 ~ 30 分钟，水温 20 ~ 25 摄氏度时浸洗 15 ~ 20 分钟，水温 25 摄氏度以上浸洗 10 ~ 15 分钟；或用 1 ~ 2 毫克 / 升的敌百虫溶液浸洗病鱼 5 ~ 10 分钟；或用 0.5 ~ 1 毫克 / 升的敌百虫溶液全池泼洒均可获得较好疗效。

6. 三代虫病

（1）病原体 三代虫没有眼点，据此特征，容易与指环虫区分开来。三代虫是胎生生殖，在每一个成虫的身体中部，可见到一个椭圆形的胎儿（第二代），而在胎儿体内，又开始孕育着下一代（第三代）

的胚胎，故称之为三代虫。

（2）症状 患三代虫病的幼鱼，鱼体开始褪色变得苍白无光泽，体表黏液增多；鱼鳍下垂，末端卷曲且逐渐裂开；呈现极度不安状态，时而狂游于水中或急侧游于水底，企图摆脱寄生虫的骚扰，继而食欲不振，游泳迟缓，逐渐消瘦，严重时引起病鱼死亡。鱼鳃上寄生三代虫后会造成鱼类呼吸困难，不久即窒息死亡。

（3）流行及危害 三代虫繁殖的最适宜水温为 20 摄氏度左右，因而 4—5 月为其繁殖最盛的季节，也是此病最流行的季节。三代虫在成鱼、鱼种和鱼苗体上都可寄生，而对鱼苗和鱼种危害最大。较大的鱼体上虽有三代虫寄生，但症状往往不明显，危害也较小。

（4）治疗方法 与指环虫病的治疗方法相同。

7. 锚头鳋病（又名针虫病、铁锚虫病）

（1）病原体 为锚头鳋，属甲壳动物。锚头鳋寄生在鱼体上可分为童虫、壮虫、老虫三个阶段。童虫一般 2 ~ 3 天后便可发育为壮虫。壮虫虫体粗壮，手触之可竖起，肉眼可看到肠管不断蠕动，体后挂有一对绿色的卵囊。老虫体色混浊，体软，手拨动时无弹性，无卵囊，虫体常附生很多累枝虫一类的原生动物，这时虫体已接近死亡。锚头鳋在水温 25 ~ 37 摄氏度时只能活 20 天左右，在春、秋季则可活一个月或稍长。秋末感染的锚头鳋，有少数能在鱼体上越冬，大多数在冬季死亡。

（2）症状

● 锚头鳋病的发生有急性和慢性两种不同的类型。急性感染时，能使鱼在短时期内大量死亡。由于大量的第五桡足幼体感染鱼体，破坏鱼体组织，同时又大量吸收寄主的营养，使鱼急躁不安，甚至缓慢游于水面，不摄食，造成大量死亡。

● 慢性感染常造成寄生部位的周围组织发炎红肿或组织坏死，水霉菌和细菌侵入伤口，引起其他炎症的并发症。虫体露出鱼体皮肤外的部分，常有原生动物及藻类附生，似一束束灰色的棉絮，故又称为蓑衣病。在此情况下，影响病鱼的活动能力，同时寄生虫又吸取宿主营养，使鱼体极度瘦弱，造成病鱼慢慢死亡。

（3）流行及危害 锚头鳋适温性广，为 12 ~ 33 摄氏度。因此观赏鱼一年四季均有可能感染此疾病，4—9 月发病较多。

（4）防治方法

● 用生石灰清塘消毒，可以杀灭水中的锚头鳋幼虫。

● 鱼种在放塘以前，用 1/100 000 ~ 1/50 000 的高锰酸钾溶液浸洗鱼体 1.5 ~ 2 小时，可杀死全部幼虫和部分成虫。

● 用 90% 晶体敌百虫全池泼洒，每立方米水体用药 0.5 克，隔 7 天泼洒 1 次，连续泼洒 3 次。

8. 鲺病（又称鱼虱病）

（1）病原体 为寄生甲壳动物。活体透明，与宿主的体色很相似。外形似臭虫，鲺可牢固地附着在鱼体上，又能短期在水中自由游动，故能从一条鱼转移到另一条鱼的身体上，也能随水流传播到其他水体中。

（2）症状

● 鱼虱寄生在鱼的体表和鳃上，吸取鱼的血液，使鱼体逐渐消瘦。

在取食时用口刺和大颚刺伤或撕破鱼的皮肤，造成许多伤口，促使感染，从而引起病鱼死亡。

● 此外，鲺用口刺吸血时所分泌的毒液对鱼有刺激作用。因此，病鱼在水中极度不安，急剧狂游和跳跃，每尾鱼只要有几个鲺寄生，就能引起死亡。

（3）流行及危害 鲺病流行区域很广，一年四季都能发生，尤以6—8月最为流行。

（4）治疗方法

● **预防** 可在放养观赏鱼之前，用2%食盐水溶液浸洗15～20分钟后，再捞取观赏鱼投放在饲养水体中，并且注意不要将浸洗后的食盐水溶液倒入饲养水体中。

● **治疗** 可用0.25～0.5毫克/升的敌百虫溶液全池泼洒，或将鱼放入1.0%～1.5%食盐水中，经2～3天即可驱除寄生虫。

非生物引起的疾病

1. 烫尾病（又称气泡病）

（1）病因 夏季天气炎热，持续高温，鱼池水温增高，水质过肥，池水变成绿色，藻类大量繁殖，光合作用过于旺盛，产生大量氧气，气泡不断上升，水中氧气达到饱和，饵料不足，金鱼上下乱游寻食，上升的气泡就附着于尾鳍上，出现烫尾症状。这是在夏天气候炎热时，一些大尾金鱼常得的一种病。

（2）症状

● 在金鱼的尾鳍鳍条上有许多斑斑点点的气泡，小米粒大，也称气泡病。严重时，尾鳍上既有气泡，又有像血丝样的红线。

● 患这种病的特征是鱼头朝下，尾鳍朝天，浮在水面。

● 此病没有传染性，对金鱼的威胁也不大，很少有致死的危险，但烫过 2 ~ 3 次之后，大尾鳍就变成小尾了，甚至变成了秃尾，从而丧失了观赏价值。

● 在炎热的夏天，池水水温高的情况下，如鱼体再有外伤，伤口会红肿、溃烂，感染疾病。严重时，尾鳍没有了尾鳍膜，露出鳍刺血丝，胸鳍和背鳍也布满气泡，全身浮在水面，管理不当也会造成死亡。

（3）防治方法

● 注意水源，不用含气泡的水。平时注意养鱼的水不能长时间不换，尤其是夏季气温很高时，绿苔生长很快，要勤换水。

● 每天 10 点以后，用竹帘或苇遮盖大棚南半部，使水温不致骤然升高，光合作用减弱，气泡产生减少。

● 烫尾病一经发现，先往池中注入或换上新水降低水温，防止水变绿，减少光合作用，多投或勤投新鲜饵料。对患有外伤的观赏鱼，可在伤口涂抹红汞或紫药水，并在消毒池中浸泡 5 ~ 6 分钟，2 ~ 3 天就能恢复原状。

2. 中暑与闷缸

（1）病因

● 中暑通常在盛夏炎热季节午后多发。其主要原因是没有及时盖帘遮阴，致使水温过高，从而降低了水中的溶氧量，致使鱼苗和成鱼经受不住高温、烈日的刺激和缺氧而引起的昏死。

● 闷缸通常是天气闷热，气压偏低，水温较高，又遇上阵雨或暴雨，使池内水温急剧变化，造成池水上、下层水迅速对流，池底粪便、污物上升，致使观赏鱼上下不得安宁，尤其在夜间绿藻不进行光合作用时，和鱼一起消耗水中的氧气，造成观赏鱼缺氧，久浮水面，脱水而死。

（2）症状　中暑或闷缸的观赏鱼开始出现呼吸急促，呈困难状态，体色逐渐变淡、变浅，有的嘴巴周围或各鳍的毛细血管充血，久浮水面，直到失去知觉昏死或脱水而死。

（3）发病季节　炎热夏天的午后或夜间多发，尤其是闷热天气更易发生。

（4）防治方法

● 盛夏酷暑天，每天上午9时左右就应盖帘遮阴，避免烈日暴晒，引起中暑。

● 在雨来临前，要抢先做好清除池中污物的工作，适当注入新水。雨过后，特别是雨前未吸除池污，雨后要立即吸去池底陈水（总水量的1/5～1/3)，注入新水，防止闷缸。对浮头严重的池，可根据情况彻底换水抢救。尤其对稀有的珍贵品种的种鱼更要加强夜间巡视，增设增氧泵。

3. 鱼鳔失调病

（1）病因 鱼鳔失调病是一种非传染性鱼病，只在冬天才发生，怕寒的透明鱼最为常见。主要是饵料不足，夏秋季营养差，体内脂肪含量很少，降低了鱼体对低温的抵抗力，使体内的鳔失去调节能力，引起位置感觉失常，所以称为鱼鳔失调病。

（2）症状

● 冬天气温下降，有些鱼侧卧池底，用手触动它，会摆动几下尾鳍游起来，暂时能恢复正常的游动，但很快又侧卧于池底，不死亡。

● 严重时，鱼体侧卧，一侧鳞片因摩擦而大量脱落。轻者能挺过冬天，一到春暖花开时节，可恢复正常游动。

● 有的侧身浮在水面而不下沉，用手触动，立即下沉池底，但随之又浮上水面，半个侧面暴露在阳光下，不能翻身，春暖后，暴露在阳光下的一面鱼体开始下疮腐烂。

（3）防治方法

● 将病鱼集中起来管理，提高水温，勤投饵料，病鱼很快恢复正常。

● 对个别有背鳍的成鱼，在患病时，可用细线穿刺背鳍，串上一根线，上吊浮物，使鱼在水中保持平衡状态，既不下沉，还可正常游动，两周以后，鳔的功能可恢复正常。这种鱼一般是先天性耐寒性较差，治愈之后，即使显得很健康，也不能作为繁殖的亲鱼使用。

4. 感冒症

（1）病因 水温突然变化，温差超过5摄氏度以上，鱼突然遭到不能忍受的冷刺激而发病。夏季换水时，池水水温高，要往池中注入冷水以降低水温，观赏鱼被冷水刺激产生内伤。

（2）症状 病鱼体表出现一层灰白色的翳状物，皮肤和鳍失去光泽，颜色黯淡。行动迟缓，游泳不正常，甚至飘浮于水面，食欲减少，逐渐瘦弱直至死亡。

（3）防治方法

● 在为观赏鱼换水时，要注意两个水体温度的差异情况。水温不能相差太大（鱼苗不能超过2摄氏度，鱼种不能超过5摄氏度）。

● 已发病的鱼可将温度调高几度，然后投喂新鲜活饵料或优质颗粒饲料，并在安静环境中静养。

● 将水温恒定，用小苏打或1%的食盐溶液浸泡病鱼，增加光照，就可恢复。

5. 头部穿孔病

（1）病因 当鱼饵料中部分或完全缺乏钙、磷或维生素D等营养素；或由于鱼受鞭毛虫类感染而导致食物运行到肠内时，这些营养素被寄生虫所吸收；同时由于大量的鞭毛虫类的感染而减弱宿主肠内黏膜的吸收能力，从而导致营养缺乏症——穿孔病。

（2）症状 从鱼的外表看可发现在头部及眼睛周围出现直径1～3毫米的蛀洞，看起来就像一条条小白虫由皮肤内钻出来一样。至于大一点的洞，像直径几毫米宽的塞子被顶出来一样，洞孔随时间延长而扩大。

（3）防治方法

● 注意在食物中有规律地添加足够量的钙、磷和维生素 D，穿孔即可愈合。

● 同时在水中添加碳酸钙和硫化镁，可以加速康复的过程及预防穿孔病。

6. 萎瘪病

（1）病因及症状　在放养过密、饵料不足时，鱼体长期处于半饥饿状态，使鱼体干瘪、消瘦，头大尾小，背部薄如刀刃，体色发黑。终致萎瘪而死。

（2）防治方法　注意给予足够的饵料，增加营养，鱼体很快便可恢复正常生长。

7. 外伤

（1）病因　鱼体表面有一层黏膜，起着保护体表不受细菌侵袭的作用。当鱼受外伤后，容易感染细菌或霉菌，引起二次性疾病。因此，当鱼受外伤时，应及时治疗，以免感染。

（2）防治方法

● 治疗时，可直接在外伤处涂抹红药水（应避免涂及眼部），或将病鱼浸泡在 1 ~ 2 毫克 / 升的抗生素（如四环素、土霉素、青霉素、呋喃西林等）稀溶液里。

● 还可在受伤处涂抹消炎药物软膏（如红霉素软膏、四环素软膏），然后浸泡在 1 ~ 2 毫克 / 升的四环素药液中。

每天都吃不饱，看我面黄肌瘦的，估计也活不长了。

8. 消化不良

（1）病因　水温低、环境突变时投食过多或在夜间、运输过程中喂食，金鱼易患此病。

（2）症状　病鱼食欲不振，大便不通，腹部发胀，易引发肠炎（大便长期不脱落）。

（3）防治方法

- 应将病鱼移入清水中，停止喂食。
- 温度低时，应适当提高温度。
- 并发肠炎时，可用土霉素、庆大霉素等治疗。

参考文献

宋憬愚. 观赏鱼养殖 [M]. 北京：中国农业大学出版社，2001.

占家智，赵玉宝，万鹏. 观赏鱼养护管理大全 [M]. 沈阳：辽宁科学技术出版社，2004.

林学明，游美珍. 名贵金鱼饲养与观赏 [M]. 福州：福建科学技术出版社，2003.

占家智等. 锦鲤养殖与鉴赏 [M]. 北京：金盾出版社，2008.

占家智，姚同炎，羊茜. 锦鲤养殖实用技法 [M]. 合肥：安徽科学技术出版社，2004.

张绍华，郁倩辉，赵承萍. 金鱼锦鲤热带鱼 [M]. 北京:金盾出版社，1990.

吕友保，张立平，罗守进. 怎样办好一个观赏鱼养殖场 [M]. 北京：中国农业出版社，2004.

王小琼. 农业设施结构与材料 [M]. 天津:天津科技翻译出版公司，2010.

谢小玉. 设施农艺学 [M]. 重庆：西南师范大学出版社，2010.